1. 西华大学校级一流课程《景观设计基础》；
2. 四川省2021-2023年高等教育人才培养质量和教学改革项目（JG2021-919）；
3. 西华大学2019年校级教改课题“人居环境与环境行为关系研究课程改革”（项目编号：xjjg2019061）；
4. 2021年第一批教育部产学研协同育人项目“VR+环境设计专业人才实践基地建设”（项目编号：202101126057）

城市环境设施设计

曾筱 主编

A Guide for Design of Urban Furniture

化学工业出版社
·北京·

内 容 简 介

本书针对城市环境设施的分类、设计方法、环境设施与人的行为活动等方面做了较为详细的阐述，提倡从城市美学的角度对不同城市背景和城市性格的设施做艺术化的设计处理，使城市环境设施既是公共艺术作品，又具有强烈的文化特征，同时还能满足人们对物质文化和精神文化的需求。

本书适合用于高等院校环境设计、风景园林、工业设计、建筑学等相关专业的课程教学，同时对相关行业的从业人员也具有参考价值。

图书在版编目（CIP）数据

城市环境设施设计 / 曾筱主编. —北京：化学工业出版社，2022.9

ISBN 978-7-122-41712-1

Ⅰ. ①城… Ⅱ. ①曾… Ⅲ. ①城市公用设施－环境设计－教材 Ⅳ. ①TU984.14

中国版本图书馆 CIP 数据核字（2022）第 107703 号

责任编辑：孙梅戈　　文字编辑：冯国庆
责任校对：赵懿桐　　装帧设计：水长流文化

出版发行：化学工业出版社（北京市东城区青年湖南街 13 号　邮政编码 100011）
印　　装：北京瑞禾彩色印刷有限公司
710mm×1000mm　1/16　印张 10¼　字数 142 千字　2022 年 10 月北京第 1 版第 1 次印刷

购书咨询：010-64518888　　售后服务：010-64518899
网　　址：http://www.cip.com.cn
凡购买本书，如有缺损质量问题，本社销售中心负责调换。

定　　价：78.00 元

城市环境设施的英文为“street furniture”，直译为“街道家具”，在日本和欧洲都存在与其类似的词条。通常意义上认为，城市环境中的设施是指城市公共场所或街道社区中为居民活动提供条件或有一定质量保证的各种公用服务设施系统，以及相应的识别系统。

设施是城市空间环境中不可缺少的组成部分，是以人类的安全、健康、舒适、高效的生活为设计目标，以美化城市、凸显城市氛围和城市文化为设计主旨，成为城市物质文明和精神文明的载体，它在塑造城市形象和提升空间品质方面具有重要的作用。在城市快速发展的今天，城市“同质化”弊端显而易见，快速识别与区分不同城市的特质成为城市设计的重要课题。现代城市学研究表明，城市核心竞争力评价系统包括五个方面，分别是城市实力系统、城市能力系统、城市活力系统、城市潜力系统和城市魅力系统，城市环境设施作为城市艺术的主要角色，是城市魅力系统的重要组成部分。城市中的标志物、导视系统、雕塑、公共座椅、候车亭、照明系统等都在无声述说着城市的文化与品格，它们塑造城市形象、丰富城市视觉形态、培育市民文化认知、彰显城市品格、打造城市美学意象，对城市的建设乃至城市的经济发展都起着巨大的作用。

城市环境中的设施是与人、环境直接产生关联性与互动性的环节，在营造舒适宜人的人居环境中占有重要的地位，它既具有明确的使用功能，同时又兼具公共艺术的审美作用。研究具有特色的城市环境中的设施是环境设计、工业设计相关专业学生的重要课题。根据调研，同类型的教材较为丰富，有的从工业设计的角度来研究设施的分类、产品化设计、材料、色彩及工艺等，有的从理论分析的角度阐述城市设施设计的理论与方法，有的从案例分析的角度呈现出优秀的设施设计作品。本书主要从城市美学的角度对不同城市背景和城市性格的设施做艺术化设计处理，从人的行为、空间尺度、生理尺度、心理尺度等方面进行阐述，使城市环境设施既是公共艺术作品，又具有强烈的文化特征，同时还能满足人们对物质文化和精神文化的需求。

在本书的编写过程中，参考并引用了国内外有关著作、论文和部分优秀的设计案例。本着教学与交流的目的，用于举例说明，部分在引注和参考文献中列出，由于有的作者联系方式不详，未能一一列举，敬请谅解，在此谨向有关专家、学者、设计单位等致谢。

本书适用于高等院校环境设计、风景园林、工业设计、建筑学等相关专业的课程教学，同时对相关专业的从业人员也具有参考价值。

鉴于作者的专业水平和实践经验有限，在本书的编写过程中难免存在不当之处，如有疏漏之处还请广大读者和同行专家批评指正。

编者

目录

第一章 概述

第二章 城市环境设施设计的要素及流程

第三章 城市环境设施的分类

第四章 城市环境设施与人的活动

第五章 城市形象与城市环境设施

第六章 城市环境设施的创新设计

第七章 案例分析与课题训练

第一章

概述

第一节
城市环境设施的概念

一、城市环境设施的基本概念

城市环境设施的英文为“street furniture”，直译为“街道家具”，在日本和欧洲都存在与其类似的词条。通常意义上认为，城市环境中的设施是指城市公共场所或街道社区中为居民活动提供条件或有一定质量保证的各种公用服务设施系统，以及相应的识别系统。从社会学来讲，环境设施是社会统一规划的具有多项功能的综合服务系统，满足人们公共需求（如便利、安全、参与）和公共空间选择的设施，如城市行政设施、城市信息设施、城市卫生设施、城市体育设施、城市文化设施、城市交通设施、城市教育设施、城市绿化设施等。如果从空间的含义上来讲，城市环境设施是由三维物体围合成的区域，是城市“大空间”中的“小区域”，又将“小区域”还原、融入“大空间”之中。从美学的角度上来看则是统一、对立和变化的过程（图1-1）。

二、城市形象与城市环境设施

设施是城市环境中不可缺少的要素，每个环境都需要特定的为人提供服务的设施，它们和环境共同构成城市公共空间，能满足人们在精神和生活上的不同需求，体现不同的功能与文化氛围，是人们活动的空间装置与依附。只有公共设施与经济、社会文化相融合，才能打造有效的空间环境。

城市环境设施充实了城市空间的内容，代表城市形象，空间品质的优劣可以通过设施的设计来衡量，它可以反映空间特有的精神面貌、人文风采；可以表现空间的气质与风格，显示当地的经济状况；同时它还具有强烈的社会审美价值。随着城市的发展，生活方式的改变，思维方式的活跃，交往方式的变化，现代人在社会高度发展的大环境下，越来越要求环境品质的提高，城市环境设施在此时发挥着极其重要的作用（图1-2）。

图1-1 北京黄庄职业高中文化广场回廊（设计：空格建筑设计公司）
图1-2 上海浦东六度垂悬景观设施（设计：佰筑建筑）
图1-3 拙政园中的亭与廊

第二节 城市环境设施的发展与演化

谈论城市环境设施发展的历史，大可追溯到古代城市建设与建筑发展的历程中去。春秋时期的《周礼·考工记》大约是第一部关于城市规划的书籍，其中提出了封建礼制观念中关于城市环境设施的最初的概念，如墙垣、门阙、道路、塔、桥等及其附属设施，它们不仅种类繁多，而且等级森严，反映了当时的时代背景下城市环境设施的特殊属性（表1-1）。此外，中国古代园林中也有大量供人休憩与娱乐的设备，如游廊、座椅、石灯、秋千、水榭等，它们共同构成了中国古典园林中的景观特征（图1-3）。

表1-1　中国古代城市环境设施

设施种类	内容
便利性设施	道路、桥梁、排水渠、船坞、井台、吊桥、水门、城门、屋门、牌坊、牌楼、雨廊、骑楼、路亭、踏道、洞门、垂花门等
安全性设施	城墙、院墙、水闸、城门、水门、瓮城、箭楼、角楼、城楼、沟渠、护城河、驳岸、吊桥、台基、望火楼、金缸、水池等
信息性设施	钟楼、鼓楼、旗杆、日晷、招牌、看板、匾额、牌坊、牌楼、灵台、观象台等
装饰性设施	石幢、桥、塔、洞门、照壁、曲水流觞、漏窗、石桌、石鼓、石灯、铺地等
礼仪庆典性设施	石狮、华表、石柱、经幢、金水桥、御路、棂星门、灵台、石碑、铜龟、铜鹤、塔、嘉量、香炉、祭坛、碑亭、照壁、铜鼎、金缸等
民俗节日性设施	彩灯、龙灯、伞盖、水磨、大铜壶、彩楼、旗帜等

随着城市建设的发展，中国现代城市环境设施的设计大致可以划分成三个阶段。第一个阶段是新中国成立后，以梁思成等建筑师为代表的设计师，在城市空间建造和维护上做出巨大的贡献，但由于大环境的限制，经济水平低下，使得城市发展和环境设施的发展处于落后状态；第二个阶段是改革开放后，经济飞速发展带动城市建设加快，外来设计思维进入以及国民由于经济生活得到大幅提高进而对生活环境有了更多要求，城市环境设施也在这个时期有了较大的发展，数量和种类相对增多，但由于对城市文化认识的不足，导致城市设施千篇一律，缺乏特色；第三个阶段则是在21世纪之后，伴随社会的高速发展，城市建设进入了高度发达的时期，人们追求“安全、健康、舒适、效率”的生活愿景，而城市环境设施也由之前的个体设计转向景观化和整体化设计，关注环境设施背后的城市文化与城市精神，从社会空间构成角度增强了城市规划、环境空间设计的力量。

当下科学技术突飞猛进，信息传递方式的变化更加促进了城市环境设施的发展，其特征是从旧体系转变为“信息化”体系，也由传统的功能单一转变为形式多样化、功能多样化、感受多样化。城市环境设施的最终目的是为知识经济时代的人类创造一个优美、高效、舒适、科学的环境及优质的双向沟通与互动的空间渠道。城市环境设施设计涉及众多学科、知识和行业，它并非是一个独立的学科。确切地说，城市环境设施设计是一种概念，一种意识，是对生活的解读，是对环境敏锐的感知，城市环境设施无论在内容还是形式上都处于不断的演化之中，是人类历史发展到今天的必然产物。

第三节
城市环境设施与环境艺术的关系

城市环境设施是知识经济时代和信息社会环境构成的重要部分，它虽然不是新生事物，但却因为时代的特征被注入了新的内涵。其核心学科有环境艺术设计、视觉传达设计、工业设计，并且与城市管理、城市设计、生态环境学、社会学、心理学、行为学、美学等有着直接的联系。

所以，环境设施设计也不可能是一门独立的学科，它是当代经济发展、信息技术高度发达和人的精神层面的较高需求下催生的一种行为，是人类对美好生活环境的一种醒悟和意识，是城市环境设计重要的组成部分之一。设计师不仅要有对美的认识力，还要有对社会需求的洞察力，应该具有对信息环境的关心和对空间环境建设的关注以及承担的责任与义务。城市环境设计体现出一种建立、规则、实施、管理、享受环境、信息和生活的秩序，而城市环境设施的设计是一种物与物、人与人、人与物互动和交融，充满生命活力的一种关系。总而言之，城市环境设施设计是以人为核心，以公共服务系列产品为对象，运用现代设计手段，创造功能合理、结构科学、形式优美、能满足人的审美意识与生活情趣的艺术设计行为（图1-4）。

图1-4　MassArt学生宿舍景观设施（设计：Ground Inc.）

环境艺术是研究人的生活环境美的艺术的学科，主要是对人类周边空间的研究，包括城市规划、城市设计、建筑设计、室内设计、景观建筑等。多伯说："环境艺术作为一种艺术，它比建筑艺术更巨大，比规划更广泛，比工程更富有感情。这是一种重实效的艺术，环境艺术的实践与人影响其周围环境功能的能力，赋予环境视觉秩序的能力，以及提高人类居住环境质量和装饰水平的能力是紧密联系在一起的。"因此，环境艺术是人与周围环境相互作用的艺术。环境艺术是一种场所艺术、关系艺术、对话艺术和生态艺术。

因此，城市环境设施设计应该是环境艺术设计的重要范畴，是大空间指导下的小空间打造，旨在设计出符合环境场所精神和空间性格的服务性产品与设备。目前，城市环境设施的设计在国际上已引起高度重视，并成为衡量一个国家或地区文明与先进程度的重要参照体系。近年来，我国一些城市在发展经济、建设现代化城市的同时，关注城市环境和设施的设计，在塑造城市风貌和打造城市名片上取得了较好的成绩。但在绝大多数城市中，环境设施和公共艺术的水准还有待提高，普遍存在缺乏整体设计意识的问题，城市环境与设施风格不统一，缺乏文化内涵，或者是城市环境设施数量少，质量低劣，容易损坏。另外由于设计的无系统性，使得城市公共空间杂乱无章，缺乏整体的有机联系，在视觉系统方面发生紊乱，给人不悦的心理感受。

西方发达国家在20世纪相当长一段时间内也经历了这个阶段，但凭借强大的经济实力和管理意识逐渐扭转了这个局面。美国意识到环境设计对城市管理、控制、治理紊乱和污染具有重要作用，于是成立了美国环境设计研究学会，它由规划师、建筑师、环境设施设计师和社会学家联合组成，将城市环境设施设计纳入全方位的研究实施中，而且必须在宏观规划指导下设计和实施，最终打造出有序的、优秀的、方便使用的城市公共环境。而日本更是将"科技、管理、设计"列入国策，经过几十年的努力，日本在城市建设以及环境设施的人性化设计方面取得了巨大的成功，不仅涌现出众多的优秀设计师，在城市公共空间的体验上更是充满了智慧和人性关爱。进入21世纪，中国的设计师们也已经意识到城市空间令人窒息、生态环境急剧下降、污染严重等环境问题严重影响到人类的生活质量，携手城市管理者、工程师、艺术家、科学家等，努力开创环境艺术大前提下城市环境设施设计的新局面。

第四节
城市环境设施设计的基本原则

一般意义上认为，城市环境设施设计应遵循以下原则。

① 功能性。现实生活中，很多设施在设计上不容易被人有效使用，“好用”与“不好用”是评价一个设施优劣的最直接的因素。比如垃圾桶的设计，既应该考虑到防水，又不能造成投掷的困难，同时还要考虑到垃圾倾倒与打扫的便利性（图1-5），最后在环保和生态的要求下，还应考虑到垃圾的分类投放。

② 安全性。设置在公共环境中的城市设施，设计师必须考虑到使用者和参与者在使用过程中可能出现的任何行为。电视节目中经常会报道孩子手被卡在公共座椅的缝隙里，或者是掉入某个设施的孔洞中。儿童也是城市环境设施的参与者与体验者，充分考虑各个使用人群的生理和心理行为的特征，设计没有任何潜在危险的城市环境设施是设计师应尽的责任（图1-6）。

③ 关联性。任何一个城市环境，每一个区域和设施间都存在着内在的联系，设施的设计也会诱导不同的人的行为。例如夜间灯光系统中，不同类型的灯具设计在不同空间环境中都有一定的距离要求和亮度要求，太多会造成资源和能源的浪费，形成光污染，太少又不能满足照明的需求，对营造有魅力的光环境也没有帮助（图1-7）。

④ 审美性。城市环境设施对于空间环境氛围的营造有着重要的推动作用，环境设施的设计应尊重环境的风格和氛围，符合大众的审美需求。造型优美且功能良好的环境设施不仅吸引人的使用，也能诱导人在使用

图1-5　成都地铁站的垃圾桶
图1-6　安全宜人的城市设施成都hyperlane超线公园设施（Aedas、ASPECT、BPI联合设计）

图1-7　蛇口学校广场夜景光环境（设计：自组空间设计）

图1-8　哥本哈根“山丘”景观与自行车停放（设计：COBE）

过程中爱护公共设施，爱护环境，增强人们对环境的归属感和参与性。

⑤ 独特性。城市环境设施具有专项设计、针对设计的特点，设计师应充分考虑设施设置的具体地理位置、地域条件、城市规模、文化背景、历史文脉和周边环境，针对相同的设施提供不同的解决方案（图1-8）。

⑥ 公平性。城市环境设施的受众是全社会所有人群，当然包括所有弱势群体，其中有儿童、孕妇、老人和残障人士等，满足他们的需求是城市环境设施公平性原则的体现。在传统设计概念里称为“无障碍设施设计”，在当下更多地称为“通用设计”，两个概念中后者更加让人感到无歧视的温暖。“无障碍设施设计”很多是针对弱势群体的特殊设计，“通用设计”则是所有人共同使用的设计。例如在巴西库里蒂巴的快速公交站台候车空间入口，同时设计阶梯和轮椅直升设施，为所有人提供不同选择（图1-9）。

⑦ 合理性。主要表现为城市环境设施的功能适度和材料合理两个方面。例如公共座椅长度如果大于1.5米且中间没有隔栏，它将可能沦为素质低下者或流浪者的“睡床”，失去了提供市民同坐的行为需求；窨井盖的丢失也可以从材料的改变上来杜绝，若将钢材质变成水泥或者合金材质，这种市政设施的损失将会大大减少。

城市环境设施从现代文明发展到现在，也赋予了新的设计原则。设施的设计主要涉及环境心理学和人体工程学两个方面，环境心理学是环境设施设计学科群中环境规划设计、景观设计、工业产品设计、公共艺术的创作、实施和管理等诸多环节必不可少的参照依据，在此总结出如下环境心理学在城市环境设施设计中必须遵循的原则。

① 以人为本。尊重人对环境的生理和心理需求，环境设施的设计要求满足功能和审美的需要，尊重使用者的感知、经验、需要、兴趣、个性等。心理学认为：使人感兴趣的东西往往易被人知觉。所以进行城市环境设施设计时可从两方面着手：一方面研究人的生理特点，如人类学、行为心理学、人体工程学等，使设计的产品能满足人生理上以及不断发展的生活新形势的需要；另一方面可以从产品的角度进行研究，例如材料、色彩、结构、工艺技术、系统工程等，使产品最大限度符合人的各种需求。

② 继承与创新。城市环境设施设计是创造合理、科学、高效、舒适的城市环境与生活方式，这本身就是一种创造性行为，是人类在对自然理解、尊重和强化的基础上的一种设计意识和设计行为。尊重自然，

图1-9　巴西库里蒂巴快速公交站台入口
（设计：Jaime Lerner）

图1-10　印度Panchkula建筑下的围墙
（设计：Studio Ardete）

尊重空间本身的文化肌理，可以理解为继承，继承是对整体空间形态和文化发展脉络的把控。在此基础上城市环境设施设计应当妥善处理局部与整体、艺术与环境的关系，力图在功能、形象、文化内涵等方面与环境相匹配，创新城市环境设施形象（图1-10）。

③ 可持续发展的生态绿色设计。现代工业文明社会日益突出的能源、生态、人口、交通、空气、水源等一系列问题，越来越受到人类的关注与重视，生态绿色也被提出作为现代社会建设的总体指导思想。在城市环境设施设计过程中，注重生态环境的协调均衡和保护非常重要，它是人类对自然适应、改造、维护而建立起来的人-机-环境的系统性过程，环境制约着人，人也影响着环境，地球环境的透支与破坏使生态要求成为新的时代课题。

生态文化是一种可持续发展的高品质的生活方式，将在人们未来的生活中发挥积极作用，并且也将在物质和精神层次完善传统文化，打破传统的思想桎梏。生态文化指导下的城市环境设施设计，既要尊重传统、延续历史、传承文脉，更重要的是需要突出时代特征、敢于创新、求真探索，只有这样，社会文明才会健康完整地持续发展。

城市环境设施可持续研究的核心思想是将社会文化、生态资源、经济发展三大方面平衡考虑，以人类生生不息为价值尺度，并作为人类发展的基本指针。首先，应研究城市环境的发展规律，寻求过去-现在-将来的时代环境特征，既保证城市中环境设施的有机与和谐，又使其可以在之后的若干年内有良好的发展。其次，应充分考虑城市中环境设施与自然和人两方面的影响因素，以人的需求为主导，同时还应尊重环境的自然构架。最后，应充分研究人类在物理环境、精神环境下的文化、习俗、审美的需求，寻找共性与个性，并在城市环境设施的设计中有效地表现出来。日本九州产业大学在处理校园环境设施时，尊重原有地形结构条件，模拟了日本传统的梯田，通过其自身的节奏、功能以及自由，既与校园相呼应，又影响着校园生活以及其中的人们（图1-11）。

图1-11　日本九州产业大学景观梯步（设计：Design Network）

④ 注重科技发展。城市环境设施设计是一项系统工程和实用工程，不仅可以提升空间环境、文化方面的品质，还可以提高社会的整体素质和水准，现代科技水平的提高无疑使城市环境设施的设计有了更多可能性，城市展示系统、信息系统、卫生系统、交通系统等有了更高效、直观、节能、环保的特点。例如路灯的设计，可用太阳能发电供给照明，既无需安装地下电缆、节省人力，又可节约能源；洗手台出水口的红外感应探头既可保证水源不被浪费，又可使造型优美流畅。新的科技与工艺、新的材料与艺术手法赋予了公共设施设计新的内涵。

本章思考及习题

1. 简述城市环境设施的概念。
2. 简述城市环境设施设计与环境艺术的关系。
3. 简述城市环境设施设计的基本原则及发展趋势。
4. 城市空间与环境设施设计调研：观察城市户外公共空间，深入体验，针对城市环境设施的功能特性和使用状态进行归类梳理，并完成一篇图文并茂的调研分析报告。

第二章

城市环境设施设计的要素及流程

第一节
城市环境设施设计的要素

城市中的设施并不是独立存在的个体，它与空间、环境、人产生相互作用，作为城市空间的组成部分涉及空间、形态、色彩、材料、光等各种要素。作为一项艺术与科技紧密结合的综合性工程，城市环境设施的内涵和外延也在不断充实、改变和完善，也势必激发城市风貌的更新和品质提升，因此研究城市环境设施的要素是必不可少的环节。

一、空间要素

空间是客观存在的，城市环境设施设计正是在城市公共空间中进行的设计活动。人应该对空间性质、空间形态、空间布局以及空间构成的要素、材料、尺度、色彩、质感等有清楚的认识，在设施设计的外部空间内充分认知环境，做出恰当的选择。

（一）空间大小

空间大小指的是空间的尺度，大的空间可设计形式相对复杂、尺度相对较大的设施，在大的公共空间中可以通过顶棚或地面的限定进行心理空间的划分。而小的空间则以形态简单、尺度较小的设施设计为宜，同时，也可以用一些方法来扩大小空间的空间感，比如，可采用局部吊顶，造成高低对比，丰富空间层次，从心理上扩大空间感；还可以将环境空间中的地面造型设计成圆弧平滑的延伸，可扩大知觉空间（图2-1和图2-2）。

（二）空间类型

城市公共空间大多是开敞的，但仍然不排除公共建筑内部空间和围合空间，因此，城市空间的类型仍然是丰富多样的，而且常常也是多种形态的空间共同存在。在不同的公共空间形态中做相应的城市环境设施设计有助于提升空间品质和场所渲染力。

图2-1　伦敦V&A博物馆Elytra展厅
（设计：斯图加特大学）
图2-2　日本帝京平成大学中野校区地面设计
（设计：studio on site）
图2-3　2019年德国联邦园艺博览会BUGA纤维展馆
（研发：斯图加特大学ICD＋ITKE团队）

① 结构空间：通过环境设施具体结构的艺术处理，显示空间的特殊效果（图2-3）。

② 封闭空间：在设计中实体隔断较多，具有独立性和私隐性。例如公用电话亭、公共卫生间等。

③ 开敞空间：实体隔断少。开放性和视觉穿透性强，适用于城市公共空间的大部分类型。

④ 共享空间：城市环境设施的设置更多需要考虑人的交往和互动空间。

⑤ 流动空间：通过电动扶梯的移动和灯光变换的效果能给人以空间动态的效果，例如空间中随着太阳光移动，在不同的空间中能形成不

图2-4　巴塞罗那古埃尔公园雕塑和座椅（设计：安东尼·高迪）

同的光影效果，形成不同的空间氛围。

⑥ 迷幻空间：通过城市环境设施的特殊奇异造型设计和装饰产生空间的迷幻效果，例如安东尼·高迪设计的古埃尔公园（图2-4）。

⑦ 母子空间：大空间中设计小空间能丰富空间层次，例如公园内售货亭的设计能丰富人的视觉感受，城市中的公交站台会给人安全感。

二、造型要素

造型是指物体呈现出来的形态和外观。城市环境设施的造型目的，首先是便于使用，符合人的使用习惯，或是能诱导人使用的行为，提高产品的使用率并能规范引导人的行为；其次是造型美观，符合大众的审美要求。此外，环境中的造型体现，应以人的活动性为主题，避免雷同的概念性形象，使设施造型具有多样性和富有生命力的特点，同时在视觉上与环境相呼应。

城市环境设施是具体、可感受的实体，其造型可归纳为点、线、面三个基本要素组成的形体。点是最简洁的形态，可以表明或强调位置，形成视觉焦点，例如空间中的纪念碑、雕塑、塔等设施。线具有不同的性格特征：直线代表严肃、刚直与坚定；水平线代表稳定、柔和与舒缓；斜线代表兴奋、跳跃与突出；曲线代表灵动、优美与轻盈。线与线的交叉排列组合成面，如果线条杂乱会造成空间紊乱，点、线、面的基本要素在空间中组合演化成新的造型语言，结合不同的材料形成新的创意构思（图2-5）。

（一）点

城市环境中点是最基础且最能吸引视线集中的元素，具有向心性的特性，一般表明位置和视觉焦点，它往往不是一个真正意义上的点，而是尺度对比的关系（图2-6）。点可能是广场的雕塑，也可能是公园的廊架，由点的聚集和排列还可以形成新的设计元素（图2-7），具体的空间关系应该根据设施与空间的尺度关系来定义。

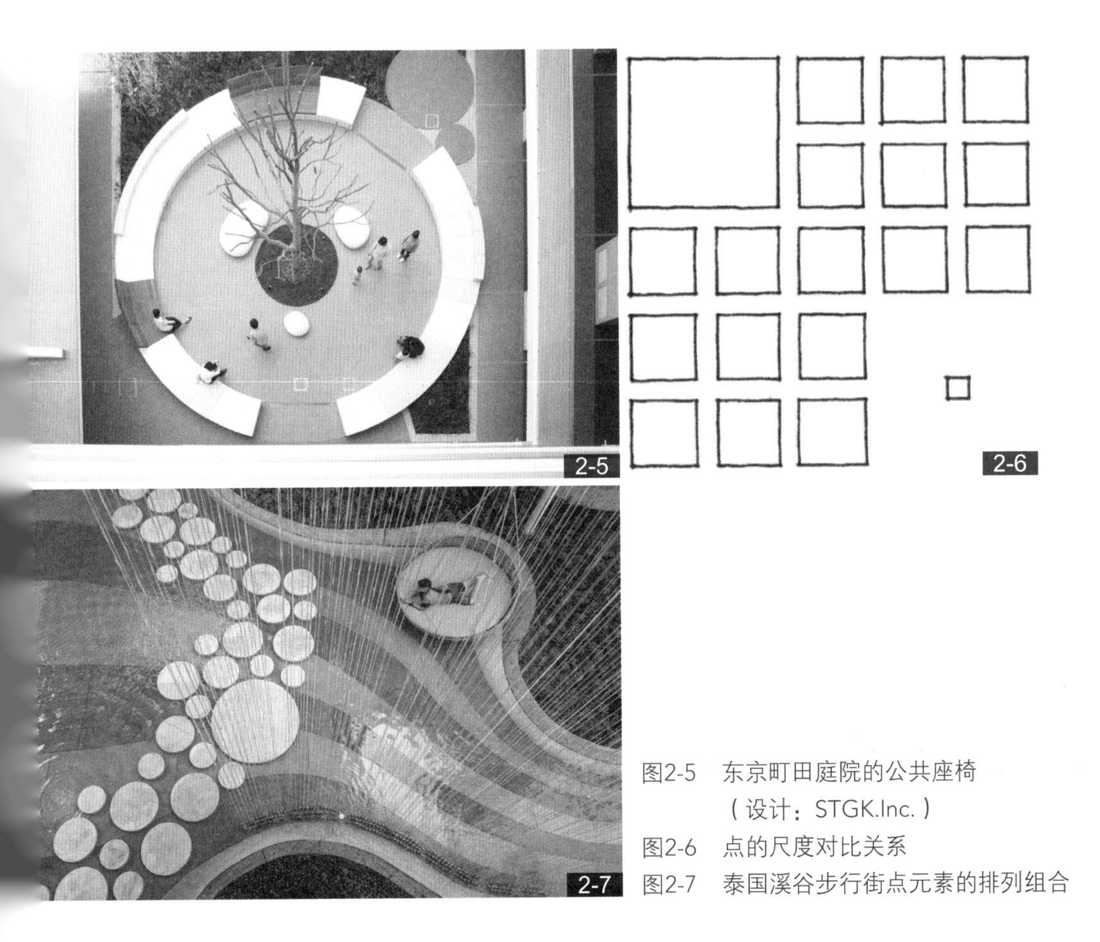

图2-5　东京町田庭院的公共座椅（设计：STGK.Inc.）
图2-6　点的尺度对比关系
图2-7　泰国溪谷步行街点元素的排列组合

（二）线

城市环境设施中线的元素可以表现面和体的轮廓，使形象清晰，对空间有较强的限定作用，还可以限定划分有通透感的空间（图2-8）。中国美术学院建筑学院院长王澍教授以“衰变的穹顶”获第十二届威尼斯建筑双年展特别荣誉奖，成为首位以个人名义登上这个世界第一大建筑展领奖台的中国建筑师。这件作品以木头为线元素搭建了一个亦中亦西，兼具中国东方文化旨趣和西方宗教建筑特点的建筑。作品搭建吸取中国传统建造方式，形式特点采用西方穹顶结构，类似于十字架的构件，给作品增加了思考的空间，在似像非像之间，形成一种文化交融的美感（图2-9）。

（三）面

城市环境设施中的面，是相对于三维形体而言的，具有长和宽两个方向，有一定厚度。设施中面的限制，并非简单的围合，而是各个面的不同大小、方向的变化，组成不同的空间与形态，促进了设施设计的多样化和丰富性。捷克雕塑家David Cerny用14吨不锈钢在北卡罗来纳州的夏洛克创造了一个身高7.6米的雕塑喷泉，它由多个旋转面组成，通过

图2-8　ICD/ITKE碳纤维亭（研发：斯图加特大学ICD＋ITKE团队）

图2-9　王澍的“衰变的穹顶”装置模型

图2-10 “Metalmorphsis”喷泉雕塑（设计：David Cerny）
图2-11 喷泉雕塑在不同时间段的旋转状态

远程计算机控制层层旋转，变换不同的造型，在不同的时间段拆解与重组面向不同的方向（图2-10和图2-11）。

三、色彩要素

色彩是构成形态的必然元素，有色彩的物体远比无色彩的物体更能吸引人的注意，城市环境设施设计中的色彩在人的直观感受中最能反映环境的性格，是极富情感的设计语言。色彩能明确反应造型的个性，解释人在空间环境中的情感需求，或跳跃振奋、或宁静休闲、或平和安详。

城市环境设施的色彩往往还带有很强烈的地域、宗教、文化等倾向，既要服从整体城市环境色调的和谐，又要使个体具有鲜明特征，做到统一不单调，对比不杂乱。在世界各国的大都市中，伦敦对城市环境以及城市设施的色彩控制较为突出，主体建筑和道路以灰色为主色调，而公共汽车、邮筒、电话亭、路标等城市设施则采用灵动醇厚的红色，使整个城市在气质的呈现上显得温文尔雅、亲切生动，呈现出明显的英伦风格，非常符合英国自古以来的绅士文化，增强了城市环境的感染力（图2-12）。

图2-12　伦敦街头电话亭和公交车

四、材料要素

材料是构成物质形态的必要元素，城市环境中的设施，需要通过外表面材质的设计即肌理表现其特点（图2-13）。随着工艺技术的不断进步，新型材料的日益丰富给城市环境设施的设计提供了更多可能性，并且，设施设计逐渐呈现出现代化与数字化的趋势。材料的选择首先应满足城市环境设施的安全性和耐用性，设施是与人发生直接关系的物体，保证材料的安全性和耐用性才能使其具有长久的生命力。例如儿童游乐设施在材料上的选择，安全性一定是首要条件。

图2-13　同种造型不同材质的垃圾桶设计

材质肌理是城市环境设施表面组织构造呈现出的纹理，肌理的创造，即视觉与触觉的处理是否得当，也是评价设施设计优劣的重要标准。质感使造型更加生动、自然，例如汉白玉和岩石就能呈现出不同的个性，不锈钢和耐候钢虽然同属钢材料，但表达的艺术感受却不同。城市环境设施的设计更需追求材料的质感，尤其当它们创造一定的空间氛围和表现特有的场所精神时，更需要使参与者从肌理质感中获得新的体验，以满足人们对各种设施的精神需求。

材质的美感也是设计师孜孜不倦追求的目标之一，好的材质选择能营造出丰富的空间美感。新技术、新材料的开发与应用使城市环境中的设施设计更为多样，更向公共艺术的范畴趋近。与此同时，传统材料的运用应更加灵活，随着设计方式的多样化，传统材料也能绽放出新的光彩。若能将新型材料和传统材料相结合，再与环境氛围相呼应，就能设计出既有个性又能反映空间特色的城市公共空间环境（图2-14和图2-15）。

图2-14　用金属网幕墙材料制作的上海新天地入口互动装置“坛城”（设计：庄子玉工作室）
图2-15　U形彩色玻璃在设施中的应用（设计：Balmond Studio）
图2-16　公交站座椅的绝对尺度
图2-17　公交站台与座椅之间的比例关系

五、比例尺度

比例尺度的控制和把握是城市环境空间设计的一大课题。物体在场所中呈现出的比例大小称为尺度，尺度有绝对尺度和相对尺度之分，绝对尺度是指物体具体的尺寸，比如垃圾桶的高度，公共座椅的宽度和高度等，绝对尺度应符合人体工程学的规范要求（图2-16和图2-17）；相对尺度则是心理感受的尺度，空间中的设施应与空间尺度协调，同时应关注远、中、近景的尺度关系，营造对比与和谐的空间感受。

第二节
城市环境设施设计的流程

一、项目确定和书面策划

城市环境设施的设计开发过程通常可划分为策划、调研、初步设计、深入设计、施工和市场开发等阶段。在策划阶段要提出明确的设计要求并给出项目的可行性报告。

（一）项目规划阶段

拟订开发的城市环境设施，要提出合理的设计要求来指导设计展开，只有当功能要求、质量指标、经济指标、整体造型、环境协调性等各方面都能满足时，这才是一个合理的设计。一般来说，主要的设计要求如下。

1. 功能要求

功能要求是指设施的实用和美学功能。功能要求是否合理应该从三个方面来分析：一是对产品实用功能的需求；二是对美学功能的需求；三是从技术可行性上分析能否满足这些方面的需求。

2. 适应性要求

适应性要求是指当城市环境例如地域、气候、温度、文化背景等发生改变时，设施适应的程度，并提出如何才能适应这些变化。

3. 人机和谐要求

人机和谐是对环境产品的硬性要求，只有接触舒适、操作方便、符合使用习惯、造型美观的环境设施才能吸引人的使用和爱护。

4. 使用寿命要求

使用寿命要求具有重要的经济意义。环境设施种类不同，对其使用寿命的要求也不同，有的是更新换代较快的设施，有的是经久耐用的设施。针对不同类型的环境设施，根据使用寿命要求的不同，选取不同的材料和技术。

5. 成本要求

城市环境设施虽然是一项利民措施，主要目的是便利大众，提升城市便捷度，但成本投入不可忽视，不计回报的高成本投入也会造成资源浪费。例如垃圾箱的设置是为了倡导人类爱护环境，并节省人力清洁的投入，但过多的垃圾桶设置则会造成浪费。此外还要考虑选用经久耐用的材料，避免经常更换。

6. 安全防护要求

城市环境设施要方便人的使用，不仅应保证人的使用安全，也要考虑产品的安全。例如带电的环境设施应考虑触电保护，过载保护等；公共区域内的设施应充分考虑金属尖角、小型孔洞易对幼儿造成的伤害；过高过长的阶梯，也应关注通行、拥挤的安全设施。

（二）项目可行性报告

项目可行性报告是对设计要求进行详细分析后总结出的文案，它对城市环境设施的设计定位、市场因素、要达到的目的、项目前景等作出一系列说明。这一报告的目的是设计方向投资方作出的关于设计过程中可能出现的问题和状况的提前告知。

二、市场调研与分析

市场调研伴随着整个城市环境设施设计的过程，调研主要分为现有设施调研，人为使用环境设施情况调研，环境设施的使用率和使用寿命的调研等。通过对品种的调研，弄清同类城市环境设施的使用情况、流行情况以及市场对新品种的要求，并对现有设施的质量、使用者的年龄组定位，不同年龄段人群对审美的喜好，不同地区的使用者对设施的偏好，国内外对同类型设施的设计情况都要进行搜集。

（一）市场调研的内容

一般来说，包括以下内容。

① 有关整体环境的资料。

② 有关使用者的资料。

③ 有关人体工程学的资料。

④ 有关使用者的动机、欲求、价值观的资料。

⑤ 有关设计功能的资料。

⑥ 有关设计物机械装置的资料。

⑦ 有关设计物材料的资料。

⑧ 有关的技术资料（科技、环保、绿色、生态）。

⑨ 市场状况资料。

（二）搜集资料的方法

1. 问卷调查

问卷调查的方式可分为访谈调查、电话调查、网络调查、留置问卷等，通过问卷调查的方式分析不同年龄、不同职业、不同文化背景的人群对城市环境设施不同的看法。

2. 观察法

在现场观察的方法，被调查者不知情的情况下的动作和反应是最真实及自然的，可对使用者的行为进行观察，可观察到使用者对环境设施的喜爱程度，为新设计提供方向；还可观察使用者的操作方式，可搜集到使用者在操作过程中的程序、习惯以及现有产品的不合理之处，为改进设施的结构提出依据。

3. 查阅法

通过查阅纸质及电子书籍、文献、资料、广告等，来寻找与设计内容相关的信息和情报。

4. 实验法

可将设计出的半成品交由受测者使用，将反馈回的资料进行总结分析，做出方案改进。这种方法虽然科学，但耗时长，且成本较高，需谨慎使用。

三、城市环境设施方案设计

（一）方案设计初步阶段

市场调研和分析之后应进入方案设计的初步阶段，方案的初步设想与目标决定了设计水平的高低，通过调研得来的数据与结果应是指导设计的依据。从自然科学原理和技术效应出发，通过筛选，找出适宜于实现预定设计目标的初步方案。此阶段应是提出问题的阶段，在调研的基础上，设计师应发挥敏锐的察觉和感知力，发现问题所在。发现问题所在是为了寻求解决问题的方向，只有明确把握了人-机-环境各个要素间应解决的问题，才能提出解决问题的方法（图2-18）。

此阶段也可称为概念设计阶段，如何找到解决问题的最佳点，要求设计师具有创造性的思维。有了概念性设计，设计方向变得明确，设计目的更加清晰。

（二）方案设计深入阶段

该阶段是将初步方案具体深化为最终方案的过程。相对于概念方案的创新性，本阶段的规则性和合理性更为重要。该阶段的工作内容较为复杂，其中有三个核心问题需要解决：一是总体设计，包括总体布置、人机关系；二是结构设计，包括内部结构、选择材料、确定尺寸等；三

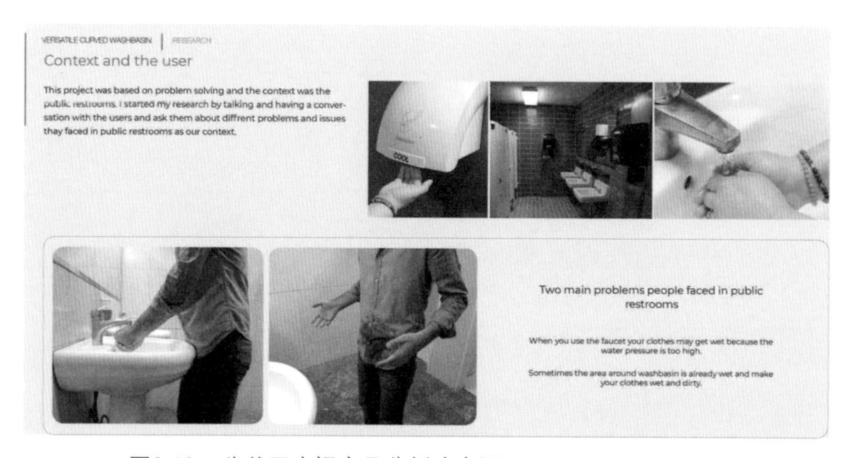

图2-18　公共卫生间产品分析（来源：Amir Arsalan Shamsabadi）

图2-19　洗手台造型构思（来源：Amir Arsalan Shamsabadi）

是造型设计，用造型设计方法对城市环境设施的形态、色彩、风格式样等加以研究，加强设施在环境中的融合度，使之符合环境气质与风格，提升设施的附加值（图2-19）。

（三）绘制构思草图、效果图、设计制图和设计说明

绘制阶段是将构思方案转化为具体形象的阶段，它是以初步设计方案为基础的。主要包括基本功能设计、使用状态设计、产品造型设计等，涵盖功能、形态、色彩、质地、结构等方面。此阶段的设计要精确到尺寸，设施设计所关注的所有方面都要重视。设计基本定型以后，用正式的效果图表现，效果图可以用手绘，也可以用计算机绘制，以便更加直观地呈现设计效果。

1. 设计草图

设计草图是将抽象的想法具象表现出来的一个重要的创造过程。它是从抽象思考到图解思考的过渡，反映了对设计过程的推敲和琢磨，是设计初步有效、快速的表现手段。草图不仅在设施设计的过程中，在环境设计、建筑设计、工业设计等领域都是必需的技术，设计草图上的文字注释、尺寸标注、色彩分析、材质表现等都是设计反复思考的结果。

设计草图一般来说分为记录性草图和思考性草图。记录性草图是设计师在收集整理资料的过程中进行的草图绘制，这种草图一般较为翔实，特别关注一些细节的大样表达，或者记录一些特殊或复杂的结构，对设计师积累设计经验方面具有重要的作用。思考性草图是利用草图的绘制进行结构和形象的推敲，设计师的灵感稍纵即逝，需要通过快速地绘制草图将其记录下来，加以深化，进行再构思和再推敲（图2-20）。它是最终方案形成的必经过程，是更侧重于思考的过程。

2. 效果图

在通过草图确定了设计初步形态之后，需要用较为正式的效果图来表现，其目的是直观地表现设计结果，它也是最接近真实表达的一种方式。一般来说，效果图可分为手绘效果图和计算机效果图两类。

（1）手绘效果图

手绘效果图是通过手绘的方式，基本准确地表达物体的造型、结构、尺寸、色彩、材质，主要用于交流和研讨方案。此时设计方案尚未完全成熟，需要画较多的手绘效果图来综合和甄选最佳方案。同时，手

图2-20　洗手台思考性草图表现（来源：Amir Arsalan Shamsabadi）

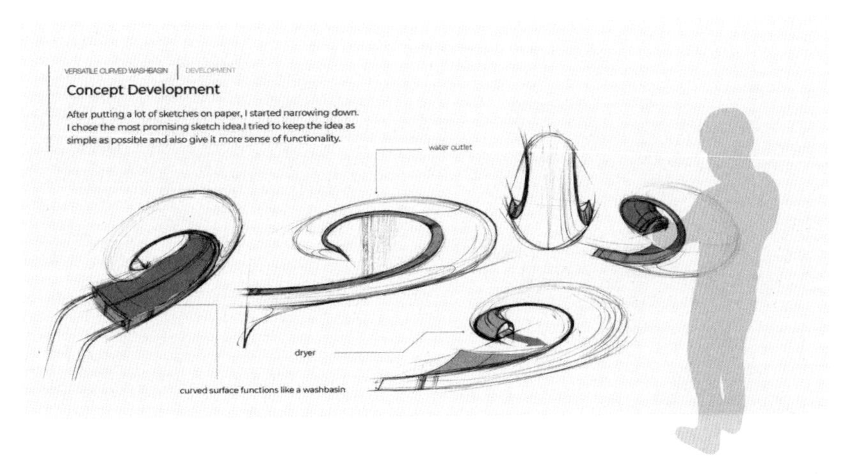

图2-21　洗烘一体机手绘效果图（来源：Amir Arsalan Shamsabadi）

绘效果图具有独特的艺术表现力和艺术魅力，方便设计师自我审视和研究（图2-21）。

（2）计算机效果图

随着计算机辅助设计系统日益普及，三维软件功能越来越强大，计算机效果图成为表达设计作品的必要手段。通过计算机完成的设计作品成熟、完善，能提供决策者审定和投入生产的依据，也可用于新产品的宣传、介绍和推广，对设计的表现全面、细致。计算机三维软件还能提供强大的材质、灯光和渲染效果，模拟出作品的真实状态，是现阶段环境设施设计中必不可少的方法（图2-22）。

3. 效果图表现基础

（1）正确的透视方法

当三维物体反映到二维平面上时，物体会发生透视变化，正确地将透视关系表达出来，是效果图表现的基础。环境设施都会有固定的使用状态，形成与使用者视觉上的高低、左右关系，在绘制效果图时，应尽量选用实际使用状态中的透视关系，或者需要详细表达的功能面。当然，透视关系更多的是体现在手绘效果图上，对于计算机效果图，只需要选择适当的角度，就会自动生成正确的透视关系。

图2-22　洗烘一体机计算机效果图
（来源：Amir Arsalan Shamsabadi）
图2-23　张唐景观“山水间”公园入口景墙手绘表现
图2-24　Vilnius广场设施效果图
（设计：Martha Schwartz Partners）

（2）色彩的运用

工业时代使任何色彩都能运用到环境设施的产品上去，不同的色相、明度、纯度都会影响使用者的心理变化，恰当地选择色彩也是环境设施设计效果图表现的基础之一。色彩的选择往往是根据环境的风格色彩和使用者的心理认可来决定的。

（3）质感的表现

质感表现在效果图表达中可以体现出产品的材质和肌理，手绘效果图和计算机效果图都有不同的表现方法。手绘效果图一般利用直尺、针管笔、马克笔、彩铅等绘图工具表现出材料的色彩、光感、透明度、亮光、亚光等，具体操作办法由设计表现技法课程教授；计算机效果图则是通过对软件中材质器参数的调整表现产品不同的质感，具体的操作办法由计算机辅助设计课程教授（图2-23和图2-24）。

4. 设计制图和设计说明

（1）设计制图

设计制图一般表现为三视图，其中包括外形的尺寸图、零件详图和组合图等，它是按照正投影方式绘制出的严格遵照国家标准制图规范的设计图纸，用于指导工程结构设计，也为外观造型的控制提供依据，所有进一步的内部设计都应以此为依据，不得更改。

（2）设计说明

设计说明也可称为设计报告，是对环境设施的设计用文字、图表、照片、表现图及模型照片等阐述设计过程的综合性报告，一般作为交由决策方做最后审理和定夺的重要依据。报告的制作需要内容全面、精炼，排版精美，一般可分为以下步骤。

① 封面：包括设计标题、委托方、设计方、时间、地点等。

② 目录：包括所有内容，注明页码。

③ 计划进度表：一般用表格标明每个时间段，表格设计清楚易读，可用不同色彩标明时间进度。

④ 设计调查：主要包括对现有区域内的环境设施、国内外同类型环境设施、人的行为需求和审美喜好、地域历史文化背景等内容进行调查，可用文字、图表、照片等对调查结果进行总结提炼。

⑤ 分析研究：对以上调查结果现状进行使用现状分析、环境分析、材料分析、功能分析、结构分析、使用习惯分析等，从而提出设计目标，确定该设施设计的风格定位。

⑥ 设计构思：该阶段主要用草图、注释、草模等设计手法深入反映设计的内涵。

5. 设计展示、综合评价

对设计的形式以等比例模型并结合报告书的形式向公众展示，展示的内容应该包括两大部分。

（1）对设计的综合价值进行展示

① 新设计构想是否具有独创性？

② 新设计具有多少价值？

③ 新设计的实施时间、资金和工艺条件是否具备？

④ 新设计是否能进一步优化城市形象？

（2）对设施本身进行评价

① 技术性能指标的评价。

② 经济性指标的评价。

③ 美学价值指标的评价。

④ 满足需求等方面指标的评价。

本章思考及习题

1. 简述城市环境设施设计的要素。
2. 简述城市环境设施设计的流程。

第三章

城市环境设施的分类

城市环境中的设施以形态、色彩、肌理、空间、材料、灯光等综合形式展现在使用者的面前，同时，它也是城市历史、精神文化、人文内涵等的展现。在创新与可持续发展的语境中，环境设施更是深刻地影响着当代城市发展、公共服务、社会生活与文化更新，成为展现一个国家、城市综合发展理念与水平的标志。作为多专业交叉的设计领域，其设计无疑更多与用户需求、体验设计、信息科技、服务设计、可持续设计等新兴设计、技术与观念相融合。

第一节 城市公用系统设施

城市公用系统设施是城市空间中为市民提供服务，使用非常频繁的系统。它在户外活动中为市民提供休息、交流、娱乐、通信、活动等必要的使用装置，同时也成为城市景观设计的重要组成部分，是城市文化的展示和体现。在城市快速发展的今天，快速、便捷、美观、友好、识别性强的城市公用系统设施是城市环境设施设计的主要内容。

城市公用系统设施包括信息设施、卫生设施、休息设施、交通设施、游乐设施等。

一、城市信息设施

（一）概念

城市信息设施是指在环境中向全社会提供广泛信息服务的设施设备，目的是为了加速信息的传播与互动。在空间组合复杂和规模庞大的城市空间，良好的信息服务设施能为人们提供相当大的便利，帮助人们识别环境。它的形状、色彩、质感、位置、尺度等应简洁明了并具有特点，方便人辨识其功能与操作方式。城市中常见的信息设施包括标志、导视系统、电话亭、信息终端、宣传栏、电子显示屏、售货亭、钟塔等。市民对信息系统设施的应用一般包括三个步骤：发现-理解-使用。设计师在设计的过程中首先需要关注的是第一个步骤，如何在环境中有效地展示信息设施，并引导人的理解和使用，若是信息系统设施不易被人察觉，那就更谈不上接下来的两个步骤了。因此，信息系统设施设计是展示城市设计的有效途径之一。

（二）设计特征

信息系统设施的设计是针对信息的传递，它是人与人、人与物、人与环境、设施与环境之间的相互关系。只有当各种关系协调，共同完成信息的传递时，才是成功的信息系统设施，其设计特征主要体现在四个方面。

1. 开放性

城市信息设施是面向全社会所有人群的，它首先应该具有开放、公开、自由参与的特征。它必须具备形式上的开放性，不管是在整体造型还是细节完成上都应具有开放的效果，面向所有市民公开，并且吸引市民自由参与，参与程度越高的城市信息设施则是越优秀的设计。

2. 大众化

不同的文化背景会衍生出不同的环境氛围，人的心理在文化和环境的双重作用下表现出不同的心理活动及行为方式，如何在环境空间中找到需求的共性，对使用者最大限度的适应性则是大众化这一设计特征的体现。可以从造型、色彩、尺度、材料等方面表现亲和力，激发大众的使用欲望。

3. 个性化

基于复杂多变的城市空间环境，由于使用者年龄、职业、性格、地域、文化层次和宗教信仰等各方面的不同，对设施设计的偏好程度也会不同，建立在大众化设计特征的基础上可考虑不同风格的具有个性的设施设计，它们可在小环境中调节人们的情绪，提供给使用者多样化的选择。具有独特设计语言和人情味的设计能满足人们愉悦及美的心理需求。

4. 综合性

城市信息设施为快节奏生活的人们提供更多的便利，信息量大，使用频繁，因此，应综合考虑设施的使用功能、地域、文化背景、生态环保、科技等因素，同时设计还应因地制宜、便于维修及翻新。

（三）设计内容

1. 城市环境中的标识、告示等导视系统设计

随着城市的极速发展，未知空间和周边环境的信息量逐渐增加，人们常常会对空间构成产生混乱，环境中的标识、告示等导视设计则为人们认知空间提供可视化的指引，它是人与空间、人与环境沟通的重要媒介，也是引导人们在陌生环境迅速识别空间的重要设施。导视系统包括城市环境中为人们提供信息的各种看板、招牌、路标、地图等，还包括为车辆指引方向的路牌、停车牌等。成功的标识、告示等导视设计应满足以下设计要求。

① 提供有效的信息，使人们能快速识别城市空间环境（图3-1）。

② 以创新性的思维，构筑具有地域性的标识系统，提高城市空间的视觉统一性（图3-2）。

图3-1　BRANCH博多巴比伦花园（设计：藤阪徹）

图3-2　韩城古城导视系统（设计：成都良相设计）

图3-3　Q.B.B. 芝士制作过程公园
（设计：千叶和树）
图3-4　ARTIZON美术馆导视
（设计：广村正彰）
图3-5　路易斯安那州儿童博物馆
（设计：Matthews Kristine）

③ 以色彩、造型、结构、材料等吸引人的视觉关注，提高设施的被使用率（图3-3）。

标识、告示等导视设计常见的表现形式如下。

① 文字式：文字是最规范、最直接的信息传递系统，可以通过对字体的设计进行标识设计，但其缺点是当信息量大的时候，难以使人过目不忘。

② 符号式：国际通用的标识设计常常都是符号式的设计，它具有快速传达的效果，并且具有任何文化背景都认可的共性特征（图3-4）。

③ 图示式：用简略的图形形式传达信息，如利用地图、平面图所设计的导视牌等（图3-5）。

④ 立体式：利用立体的物体做信息传递，如独立设立的立体路标，和雕塑等公共艺术结合的导视牌，依附于建筑的引导设施等。另外还有利用景观小品、灯光投影等方式设计的信息系统（图3-6）。

⑤ 媒体表现：最常见的则是城市环境中的LED大屏幕广告牌，公共汽车站台的电子显示屏等。

2. 广告牌与广告塔设计

室外广告是现代城市中一道靓丽的风景线，它点缀着城市空间环境，并且为人们传递商品语意。由于需要吸引人的视觉注意力，其设计的体量往往较大，且常配合多媒体的光效和音效而成，因此，设计与布局就显得尤为重要，不恰当的布局会造成空间杂乱并引发视觉污染。

广告的视觉效果能够反映当地的物质生活水平和经济发展水平，广告牌、广告栏和广告塔等用于广告展示的设施直接影响城市公共环境的质量。它们可以独立存在，也可以依附于候车台、公共座椅、建筑等共同设计，形成新的视觉感受。当然环境中的广告栏等也应该根据空间的大小和性质设计其尺寸、数量、形态等。商业街的招牌等则应该统一规范，在尺寸、颜色、材料、位置上进行控制，形成良好的视觉秩序。霓虹灯可以说是香港的代名词，在当地的全盛时期，曾经有超过10万个霓虹灯招牌装饰，这样的视觉语言与景色，无论从艺术或是文化角度出发，都是不可缺少的美丽，同时也营造出与众不同的城市语汇（图3-7）。

3-6

3-7

图3-6　铃与本社入口标志（设计：藤井北斗）
图3-7　香港街头霓虹灯广告

3. 公共电话亭设计

公共电话亭曾经是城市空间中常见的公共设施之一，随着手机等无线通信设备的日益发达，公共电话亭的使用率有所降低，但是它仍然是一个城市人文系统是否完善的重要指征，更多的是提供给弱势群体以帮助，如老人、儿童或遇到困难的人。当然现在的公共电话亭随着时代与技术的进步也有了新的功能，Wi-Fi信号的发射，在城市中很多也是通过公共电话亭来实现的。造型独特的公共电话亭可以提升空间品质，体现城市气质。

公共电话亭主要分为封闭式和半封闭式两种。

（1）封闭式公共电话亭

封闭式公共电话亭是指和外界全部分离的形式，它具有隔声效果好、防风雨雪、私密性好等优点，它是在公共空间中形成的小空间，具有微型建筑的特点。面积为（0.8米×0.8米）~（1.4米×1.4米），残障人士使用的公共电话亭面积略大。在设计上应注意使用透明的材料，门应朝外开启且不设置门搭扣，同时还应该有通风和照明的设施。

封闭式公共电话亭在外观设计上宜精巧简洁、色彩明丽、富有地域特色。如英国伦敦的红色公共电话亭，它与英国沉淀百年的独一无二的城市语言和特质非常吻合，灰色城市背景下红色公共电话亭给人彬彬有礼的绅士气质，它已经不再是单纯的通信设备，而是作为一个城市标志的象征融入了城市的骨髓。日本公共电话亭不仅考虑到对人的关爱，也考虑到对物的关爱，不仅在造型上体现日本的传统文化元素，也将日本人精致生活的态度一展无余（图3-8）。

在信息技术快速发展的今天，公共电话亭也并未被淘汰，技术赋予公共电话亭新的功能，它可以为自由工作者提供开放、便捷、临时的私人空间，他们可以在一个舒适、私密的地方进行电话、视频聊天（图3-9）。

（2）半封闭式公共电话亭

半封闭式公共电话亭是指没有门并不能遮挡使用者全身的形式，一般有小面积的顶棚和左右两侧挡板遮挡。它具有占地面积小、不受场地局限、方便维修和造价低廉等优点，设计半封闭式电话亭时应注意风格色彩与环境相结合，设计高度应考虑到正常人和残障人士、儿童等的区

图3-8　日本街头的公共电话亭

图3-9　公用电话亭的现代形态（设计：Nick Kazakoff & Brendan Gallagher）

图3-10　愚园路电话亭（一）（设计：佰筑建筑）

图3-11　愚园路电话亭（二）（设计：佰筑建筑）

别，可设计不同高度，关照所有使用群体，在电话机下端应设计一个台面，可放置随手的物品或用于记录。

随着移动通信设备的进步与普及，公共电话亭处于被遗弃的尴尬境地，除了提供通信外，设计师还应重新思考这些城市物体在当代城市中的作用，考虑到潜在用户的当前需求和状况，并对空间位置进行分析，设计方便人与人之间互动的“城市家具”。MINI China与长宁区政府和Anomaly &Assbook合作，委托佰筑建筑改造设计位于上海历史悠久的愚园路上的废弃公共电话亭。设计的主要目的是探索改造城市旧文物的可能性，使这些旧文物像过去一样具有与社会相关联的公共用途（图3-10和图3-11）。

4. 邮筒与邮箱设计

随着社会的进步，物品的寄送有了多种快捷的方式，但传统的书信方式仍被众多人使用，是一种情怀，也是一种态度。邮筒与邮箱不仅直接与大众对话，而且以稳定、亲切的形象带给他乡的人们以信赖和温暖，老一辈的人们更不会忘记邮箱带给他们的欣喜与期盼。很多国家在设计邮筒时专门以老邮箱的形态为素材设计新邮箱，也是对历史的缅怀与纪念。

邮筒分为独立式和墙面式，具有方便投递、方便分类、方便收取、防潮、方便识别的特点，因此，邮筒和邮箱的设计在色彩、形态上需要吸引人的注意力。国内的邮筒和邮箱的设计一般采用绿色，具有和平信息、橄榄绿的意味，同时也与中国邮政的企业标准色一致，形成统一的视觉效果。值得一提的依然是伦敦的邮筒设计，同公共电话亭的设计一样，鲜艳的红色成为根植于英国人心中高傲的代表色，也成为整个城市形象的代表。

5. 公共时钟设计

公共时钟在欧洲、日本的历史悠久，在中国还属于正在起步的公共设施。快节奏的生活使时间观念越来越受人重视，它也是衡量一个人是否诚信的简单方法。在环境中设置公共时钟，不仅可以提供给行色匆匆的人们准确的时间，也可以成为复杂的城市空间结构中的地标性设施。在国内，常常可以在人口密集的火车站、商业区、学校看到公共时钟，说明时钟在向人们传达时间，同时也是城市文化和效率的象征。

（1）造型上

在公共时钟的造型上，可以见到作为地标式设施位于建筑顶端，例如钟楼，它可以使人在远距离看到并形成地理方位上的指引；还可以见到位于街区、广场、公园等环境中，成为该区域的特色标志，常常与环境中的雕塑、景观、其他公共设施共同构成，在整体环境中达到协调、独特的心理感受。值得一提的是中国传统文化中日晷的造型其实也是中国古典的公共时钟，它不仅具有神秘的气息，还拥有悠久的历史文化积淀。除此之外，还有诸如沙漏、铜壶滴漏等中式传统的计时工具，都是时钟设计的优秀素材（图3-12）。

（2）音的设计

公共时钟的造型传递给人视觉上的信息，对其音色会有忽略。时钟的声音会给城市中的人们带来联想与回忆，或悠长或清脆或优雅的整点报时会成为一个区域声音上的象征，带有稳定、踏实的心理暗示。伦敦的伊丽莎白塔，也就是常说的大本钟，每15分钟敲响一次，敲响的威斯敏斯特钟声成为伦敦乃至英国的象征。

（3）时代性

公共时钟的设计从手动到自动，从机械到石英，从电子到太阳能，都反映出人类所经历的科技与时代进步。公共时钟的设计依然要忠实于时代特征，可从造型、材料、质感、动力上表达现代化的时代特征，但仍不能偏离环境的指导。例如剑桥市中心街口的圣体钟，它没有指针和数字，而是通过蓝色的LED灯显示时间，它也是剑桥的标志性景点（图3-13）。

图3-12　西华大学校园内的日晷

图3-13　剑桥市中心街口的圣体钟

二、城市卫生设施

（一）概念

城市卫生设施主要是为了提供干净、卫生的城市空间环境，满足城市公共空间中人们对卫生条件的需求，同时也满足对整体环境的审美要求，从而提高城市文明程度。公共卫生系统往往不是孤立存在的，它们一般会与城市的给排水、污水处理、清运设施等共同构成，所以应该统一规划和完善管理。

（二）功能体现

城市卫生设施是针对人对卫生的需求提供的设施设备，它需要满足人们使用层面和精神层面的需求，使用起来好用、顺手，同时又能满足大众的审美喜好。个人卫生和城市空间卫生都直接决定了人和城市空间品质的高低，故而城市卫生设施的功能性主要体现在以下几个方面。

1. 宜人性设计

为人们在公共空间的活动提供使用功能是城市卫生设施的第一要求，城市环境属于大众的环境，人们的多种行为方式促使城市设施在设计时必须考虑不同的需求。老人、儿童、青少年、残障人士的行为与需求各有不同，必须详细调研不同人群的活动特性，才能使城市环境设施的相关功能得以充分实现，“以人为本”的设计是城市卫生设施在使用上的第一要则。宜人性不仅体现在设施单体的尺寸尺度上，也体现在设施共同构成的空间关系中。单体设计的使用尺寸应符合人体工程学，为“所有人”设计；设施与设施之间的相互关系也应符合人的行为习惯，例如不同的功能区域，垃圾桶的位置和垃圾桶之间的距离应该怎么确定，休息设施周边应该有垃圾桶的设计，垃圾桶之间的距离远了会导致垃圾乱丢，近了又会造成资源浪费；开放场所中公共卫生间设计不足，显然不是人性化的设计。因此，城市卫生设施应通过人性化的设计让使用功能得以体现。

2. 美化功能

城市环境中的卫生设施应满足美化空间的功能，虽然其使用功能就在于保持环境卫生，但在造型、色彩、材料等设计上也应该起到美化环境的作用。美观的城市卫生设施能做到情景交融，若与景观小品、公共艺术结合，则会有耳目一新的视觉感受。例如和导视设计结合的垃圾桶，与雕塑结合的户外洗手台等。如果进行一些趣味性的设计，则会提高人的参与程度（图3-14）。

城市卫生设施的美还体现在细节的处理上，如环境中的公共座椅与垃圾箱、烟灰缸的组合，通过细节的雕琢，结合得更为自然。人工设施与自然景观的有机结合也是美化功能的体现，例如自然景区中树桩造型的垃圾桶、茅草屋造型的公共卫生间等。

3. 保护功能

城市卫生设施的保护功能一是体现在对环境的保护，对小环境和微气候的营造，例如有了烟灰缸的设计，可以大幅降低自然环境中的火灾隐患；二是体现在对人的保护，人们在城市开放场所的活动中，也许会遭到自身行为或不可知的自然因素带来的伤害，公共洗手台、饮水器和卫生间都能保证在诸如地震等自然灾害来临时为人提供基本的需求。

（三）设计内容

1. 公共垃圾箱

公共垃圾箱的设计是城市环境中保证卫生的基础设施，它也是反映城市文明和人们素质的基础设施。公共垃圾箱可分为固定式、活动式和依托式三种类型。

固定式公共垃圾箱的优点是不易移动和破坏，经久耐用，一般设置于常见的街角、广场、公园等位置，上部为投放垃圾的箱体，底部为和地面连接的构件。此类垃圾箱不能移动，因此设计时要考虑垃圾的清理方式，底部的连接件也应坚固耐用。

活动式公共垃圾箱便于移动，方便维修与更换，一般设置于空间变化较大或人口密集的空间，例如生活区、商业区等。活动式公共垃圾箱

图3-14　趣味垃圾桶设计
图3-15　方便投放的公共垃圾箱

的形态相对简洁，适合放在柱旁、壁面处及拐角处。活动式公共垃圾箱底部容易被污染和损坏，设计时应考虑清洁和转运的方便性。

依托式公共垃圾箱一般较为轻巧，依托于其他较大型的物件或者墙、柱上，适合景观小品设施的设计，也适合狭小、人流量大的空间。依托式公共垃圾箱一般箱体较小，所以垃圾的装载能力有限，要求及时清洁，因此便于清除垃圾是设计时需要关注的地方。

在设计垃圾箱时，应满足以下的设计要求。

（1）方便投放

方便投放是垃圾箱设计的基本要求之一。垃圾箱的开口形式主要分为上开口、斜开口和侧开口，无论采用哪种开口方式，都应在距离垃圾箱30～50厘米的位置轻松投入垃圾。因此垃圾箱的入口应该在环境情况允许下尽可能大，不仅能满足“放”入垃圾，也能满足“投”入垃圾。垃圾箱入口处的遮挡也是导致垃圾被丢出箱体之外的原因之一，遮挡离入口太近也不便于垃圾的快速投放（图3-15）。

（2）方便清洁

垃圾箱的设计还应考虑到清洁工的清理，如何清除垃圾，避免箱体内产生死角，延长垃圾箱的使用寿命也是设计要点之一。箱体底部进行弧形设计，或者在箱体内部套放垃圾袋都是常用的方法。

（3）防雨防晒

垃圾箱以放置在公共场所、户外空间为主，需考虑防雨和防晒的设计要求，避免垃圾被雨淋受潮或太阳暴晒产生变质，进而发出恶臭，招引蚊虫，污染环境。设计垃圾箱时也应该考虑箱体内部的空气对流，以免高温导致垃圾霉变发臭。

（4）分类垃圾箱

公众对环境保护的意识日渐强烈，各国都在垃圾的定点回收上做出努力，国际倡导“3R”环保原则，即reduce（减量化）、reuse（再利用）、recycle（可循环），鼓励减少垃圾数量、物品回收再利用和资源的循环再生，因此，分类垃圾箱也促使人们环保意识的加强。目前城市垃圾一般分为可回收垃圾、不可回收垃圾、厨余垃圾和有害垃圾四类，通过垃圾箱不同的色彩和标识设计引导人们进行分类投放。

可回收垃圾是指废纸、废塑料、废金属等；不可回收垃圾一般是指生活垃圾，也是可降解的生活废弃物；厨余垃圾是厨房餐饮剩余残渣；有害垃圾是指废电池、废油漆，损坏的水银温度计等。将垃圾分类投放可减轻地球环境负担，也可减轻清洁工和垃圾回收站的工作量（图3-16）。

分类垃圾箱的设计主要通过颜色和标识进行区分，一般来说对于分类垃圾的箱颜色，绿色代表可回收垃圾，黄色代表不可回收垃圾，红色代表有害垃圾，当然每个国家都可能有所不同，按照当地对颜色约定俗成的认识即可。在标识的设计上各国各地也都有特色，一般会通过图形和文字的结合设计标明垃圾箱的分类作用，既方便使用者又降低成本。

2. 公共烟灰缸

文明社会不提倡吸烟，但仍然要考虑吸烟人群的需求，公共烟灰缸虽然小，但它也体现了社会的文明程度。公共烟灰缸一般分为三类，一类是为行走或站立吸烟的人提供的，它的高度为800～900毫米（图3-17）；一类是为坐着吸烟的人提供的，高度大约为500毫米，一般与休息设施等统一设计，目前出现较多的是烟灰缸和垃圾箱的组合装置，需要考虑材料应坚固、耐高温，同时应轻巧、方便清洁（图3-18）；还有一类是设置在室内公共场所的吸烟区域，例如火车站、飞机场、旅游名胜等，它是专门开辟出一块区域供吸烟的人使用，一般采用玻璃材质，隔而不断，内部还会设置休息座椅、换气设备、电视机等，这也反映出社会对有不同需求的人的尊重。

图3-16　北京侨福芳草地分类垃圾桶
图3-17　某海边的站立式公共烟灰缸
图3-18　垃圾箱附带的烟灰缸设计
（设计：Metalco公司）

烟灰缸的设置体现了合理、完善的环境设施建设的必要性，通过它的设计让人更多关注到公共环境中的精神文明和公共道德，更提醒人们应该遵守行为规范，这对人们改变在日常行为中的陋习，提高个人素质修养，从而提高整个社会的文明程度都有一定的作用。

3. 公共饮水器与洗手台

公共饮水器的设置在我国还处于起步阶段，在少数商场中能够见到，在欧美各国已经非常普遍，由此也可看出社会文明发展程度的高低往往也可通过这些细节的设计得以体现。公共饮水器是给人们提供饮用水的装置，国外很多城市的水质高，可直接引用，常常在街头、广场、公园等空间中可以见到，也可以用作洗手和清洁的设施。我国虽然很多城市的自来水水质不能达到直接饮用的标准，但为大众服务的意识也在逐渐提升，在一些景区、公园设置了方便游人使用的饮水机。随着未来城市文明意识的提升、市政规划和管理力度的加大，会有越来越多的饮水设施出现在我们身边。

饮用水装置的设计应注意以下几点。

① 饮水器一般设置在人流量大、活动量大的场所，如广场、公园、商业街区、运动场、游乐场等附近。

② 饮水器的材料一般选用石材、混凝土、不锈钢等，坚固耐用（图3-19）。

③ 饮水器的造型设计应根据环境的氛围考虑，或线条简洁、造型单纯，或仿生有趣、活泼生动。不同的造型方式应为环境增添乐趣与美感。

④ 饮水器的设计应考虑不同人群的使用，在高度的设计上一般会有正常使用高度和特殊使用高度，正常使用高度为1000～1100毫米，老人、儿童、残障人士在使用饮水器时，高度以600～700毫米为宜（图3-20）。

⑤ 饮水器可与洗手台的设计共同考虑，因为同时涉及给排水，设计上也可同时满足饮水和卫生的生理需求。

⑥ 公共艺术也可和饮水器及洗手台有机结合，成为该地区文化和

图3-19　不锈钢公共饮水器
图3-20　多尺度的饮水器

生活的场景组成部分，它承载了当地的历史文化和精神情感，展现出不一样的场景艺术魅力。

4. 公共卫生间

在公共场所急切地寻找卫生间是很多人都会遇到的事情，公共卫生间是体现城市文明程度，体现对人的关爱的基础设施之一。适当增加公共卫生间的数量，不断提高公共卫生间的质量和加强管理是现代城市发展的迫切要求。

“厕所革命”作为国家乡村振兴战略的一项具体工作，要求各地采取有针对性的举措，改善全国城乡人民如厕环境，卫生间的设计吸引人们越来越多的关注。材料环保、节能节水的理念开始成为共识。“厕所革命”被各省市纳入旅游发展规划，成为提升城市形象的重要举措。首先是城市公共卫生间的数量应大幅提高，根据区域位置和人流密集程度设置卫生间的数量和大小，一般街道卫生间设计间距应为700～1000米；商业街的卫生间间距为300～500米；人员高度密集的场所应控制在

300米之内，人流量大的区域卫生间蹲位应适当增加（表3-1）。其次是公共卫生间的卫生问题，这与市政单位的管理和大众的个体素质有关，随着“厕所革命”的深入开展，国内大多城市的公共卫生间的卫生情况都能维持在较高的水准，这也从侧面说明了我国城市发展的程度得以提高。在公共卫生间的具体设计中应关注男女分区面积和蹲位的不合理，应解决女卫生间大排长龙而男卫生间空无一人的现象。

表3-1　城镇公共卫生间设置间距指标

类别	设置位置		设置间距	备注
城市	城市道路	商业性路段	设置间距不应小于400米	步行（5千米/时）3分钟内进入厕所
		生活性路段	设置间距不应小于400米	步行（5千米/时）4分钟内进入厕所
		交通性路段	间隔600～1200米设置一座	宜设置在人群停留聚集处
		开放式公园（公共绿地）	≥2公顷应设置	数量应符合国家现行标准《公园设计规范》（CJJ48—92）的相关规定
		城市广场	设置间距不应小于200米	城市广场至少应设置1座公共卫生间，数量应满足城市广场平时人流量需求；最大人流量时可设置活动式公共卫生间应急
		其他休憩场所	间隔600～800米的服务半径设置一座	主要是旅游景区等
镇	建成区道路		间隔400～500米设置一座	可参照城市相关规定

公共卫生间在设计时就应考虑到如上所述问题，同时也应适用、卫

图3-21　开平塘口镇祖宅村景观厕所（设计：竖梁社）

生、经济、方便。公共卫生间的具体设计必须符合《城市公共厕所设计标准》（CJJ 14—2016）的相关要求，例如：蹲位设计尺寸一般为长1～1.5米、宽0.85～1.2米，小便器的设计高大约为0.7米、间距0.8米，厕所外开门走道为1.3～1.5米，蹲位隔板高度不应低于0.9米等。

此外，公共卫生间在设计时应特别注意以下几点。

① 外形设计风格应与环境相融合。公共卫生间的设计应尽量与周边环境氛围相协调，不能因为卫生间的设立而破坏原有的景观特色。如日本的公共卫生间设计具有传统的日式建筑风格，有的还会在入口设置雕塑、装饰品等，营造亲切友善的氛围；乡村的公共卫生间则形态简洁，易于辨识，尽量选用本土材料（图3-21）。

② 内饰应简洁、坚固。公共卫生间特别是可活动的卫生间，内饰要求尽量坚固，且方便清洁、冲洗。

③ 注重环保的设计。公共卫生间的用水、除臭和排污这三个方面是环保的核心难题，应采用高效、节水的智能卫生设备，例如洗手时通过感应自动开关的水龙头，冲水系统在一定时间内进行冲洗与关闭。公共卫生间设计还应考虑到采光和通风，采光口的设计可节省人工照明的资源，通风口的设计可改善卫生间的空气状况。

深圳莲花山顶公共卫生间设计

莲花山顶公共卫生间由深圳华汇设计主持设计与修建，作为深圳莲花山顶环境提升工程的重要组成部分，与展厅共同组成了山顶建筑群，为登山群众提供观展、休憩及如厕场所。莲花山顶公共卫生间紧邻邓小平铜像广场，位置重要而特殊；高峰时期，山顶广场单日游客量可达到五万多人次，年游客总数达千万人次，公共卫生间升级不仅要满足较大人流量的如厕需求，还被寄予了深圳“公厕革命”示范项目的期望，建成后的公共卫生间以先进的设计理念、人性化的设计细节、极高的选配标准、优秀的建设水平成为打造代表深圳城市形象的新名片（图3-22～图3-25）。

图3-22　莲花山顶公共卫生间外观

图3-23　莲花山顶公共卫生间内部采光与布局

图3-24　莲花山顶公共卫生间观景平台

图3-25　文化性设计——参数化处理的《千里江山图》

④ 人性化要求。公共卫生间应考虑诸如地面防滑、坡道、扶手等设施，城市公厕应设置第三卫生间，并符合GB 50763—2012的相关规定，真正实现全社会的人性关爱。

5. 垃圾中转站（处理站）

随着人们生活水平的不断提高，对环境的要求也日渐提高，城市传统意义的垃圾站已经不能满足人们对高效、环保、节能低耗等新概念的要求，压缩式垃圾站的推广势在必行，以其占地面积小、隐蔽性好、空间结构合理等优势，引领着垃圾中转站行业的发展。

垃圾中转站的推广和运用，既美化了环境，又杜绝了二次污染，减少蚊蝇滋生，提高车载效率，减轻了工人的劳动强度，大大降低了运行成本。

地埋式自动升降垃圾压缩机，是一种符合环保要求的全新概念的生活垃圾收集设施，可解决二次污染的问题，且低投入，低成本运行，具有占地少、可美化环境等优点。可广泛应用与各公共场所，如生活小区、集贸市场、学校、公园、车站、景区等。设备安装后地面仅有一个平台，无任何地面建筑，与周围环境融为一体，可创造和谐优美的环境（图3-26）。

图3-26　地埋式自动升降垃圾压缩机

三、城市休息设施

（一）概念

城市休息设施是在城市开放空间中为所有人提供休息的设施设备，休息不仅是体能的喘息，它也需满足放松、娱乐、休憩、交往、休闲、观赏的精神需求。因此休息设施的概念很广，能提高人们户外活动质量的设施都可称作城市休息设施。城市休息设施应体现社会对大众的关爱，实现人与环境、人与人交往中的和谐及相互尊重的情感关系。

（二）设计原则

1. 可持续原则

城市休息设施应与城市周边环境相互协调，具有高度的统一性和系统性。它的内部与外部存在着一定的联系与匹配关系，这种匹配关系是可持续的，是发展的，是具有文化性的。但相当多的城市环境设施都呈现出与周围环境无联系的孤立设计，这类设计对彰显城市文化底蕴与人文内涵毫无帮助。对此，需对“人-设施-城市”三个要素整体把握，建立彼此之间的内在联系。

2. 经济性原则

在设计城市中的休息设施时，必须考虑经济成本，经济成本也是环境资源保护的基础。城市休息设施使用率极高，损耗率相较其他设施更大，因此，对材料的选择尤为重要。在选择材料时既从结构、工艺、安全等实用角度去选择材料，同时还应考虑到材料的寿命和后期维护成本。

3. 文化性原则

人是社会生活的主体，环境设施是城市公共文化的缩影和载体，它承载着城市的历史，映射出地域文化与集体记忆。城市的历史与文化融入市民的精神与气质，具有城市特色符号语言的城市设施能使人对城市风貌与历史文化认同产生共鸣，唤起人们强烈的归属感和亲切感。

（三）设计内容

1. 公共座椅

（1）公共座椅的分类

公共座椅是在城市环境中很常见的休息设施，它提供人在环境中的休息、读书、思考、发呆、观看、交往等行为方式。公共座椅有凳和椅两种形式：坐凳通常位于场地的边缘，形式简洁，常常和路灯、花台、垃圾桶等其他设施共同构成；座椅是有靠背的，大型的座椅群落通常位于场地的中心，具有景观小品的特质，常常会结合植物、花坛和雕塑共同设计，简单的座椅也通常位于场地边缘，便于观看、思考和交往（图3-27）。

（2）公共座椅的位置和尺寸

为人提供休息和休闲是其主要功能，其设置方式应考虑到人在城市环境中休息时的心理习惯和活动规律，一般应背靠花坛、树丛和矮墙，面朝视野开阔的地方，用于长时间休息的公共座椅还应考虑其私密性，半开敞的空间是较好的选择。根据人在环境中的心理行为，人们会无意识地保持个体间的心理安全距离和非接触领域，因此，单座型座椅以2米长度为宜，太短会使人感觉局促，太长会造成空间浪费，也可在较长的椅凳上适当进行划分。座椅尺寸：一般坐面宽45厘米左右，坐面高40厘米，设置靠背的坐具，靠背长35～40厘米，供长时间休息的座椅，靠背应适当加大倾斜度（图3-28）。

图3-27　成都天府广场边的坐凳

图3-28　成都浣花溪的公共座椅

（3）公共座椅的造型

公共座椅虽然常见、普通，但在创造独具特色的空间时，能以其多样化的形态结构来强化区域氛围，公共座椅不再拘泥于陈规的直线型设计，而以弧形、波纹形、几何形等多种线形结构来划分和重构空间，形成新的视觉效果，为传达空间文化和性格起到重要的作用。公共座椅的设置位置非常广泛，建筑边角、柱角、平台、阶梯、水边、景观设施周围都可以提供休息之用，它使用的材料、色彩、结构所产生的视觉上的对比，会使空间环境变得更加生动、充满活力（图3-29）。

（4）公共座椅的材料

传统的公共座椅材料是石材、木材、铸铁和混凝土，随着工艺技术的进步，大量新型材料也被用于公共座椅的设计，如陶瓷、有机玻璃、塑料、合成材料、铝、不锈钢等，寻求材料与材料组合成的质感搭配也是新的材料处理方法。材料的选择越来越广泛，但都必须满足防腐、防蛀、耐久性佳和不易损坏的基本要求，同时还需要具备良好的视觉效果（图3-30）。

2. 其他类坐具

城市中还有许多休息设施并不完全是座椅或坐凳的样子，它们仍然为市民提供临时的休息、依靠。例如公交站台旁斜靠的栏杆、道路边的矮墙、花池和树池等（图3-31）。好的城市休息设施能为城市中更多的人提供服务，这也是一个城市文明程度的体现。

四、城市交通设施

公共交通是城市的大动脉，为人们提供多种工作、学习、外出的交通出行方式，城市交通设施则是人与外部空间的连接节点，日益繁忙的交通现状与各种交通工具的发展越来越考验城市环境交通设施设计的科学性、合理性、快捷性。诸如公共汽车站、地铁站、码头、自行车停放处、出租车候车点、止路设施、人行天桥以及社区的交通管理亭、城市便民服务设施等，交通安全管理设施系统复杂庞大，与人的出行息息相关，不仅实用，也对城市的美观起着很大的作用。它们不仅能改善城市

图3-29 深圳中康公园中的多样化座椅（设计：文科园林）
图3-30 深圳中康公园中的铝穿孔座椅（设计：文科园林）
图3-31 成都宽窄巷子附近的矮墙

外部环境的混乱局面，还在细节上给人亲切的形象感受，增强人们的城市归属感。

（一）候车亭与候车廊

公交车站、地铁站、轻轨站在城市外空间交通系统中属于大体量的公共设施，候车亭与候车廊是城市文明、经济发展的一面镜子。有人说评价一个城市的文明与经济发展水平，只要看看人们的候车环境即可。因此，改善候车环境，强调人性化设计，创造方便、简洁、快捷的环境很重要。同时，候车亭、候车廊等城市环境构筑物还应该与城市生态本底相呼应，形成强烈的城市场景，例如苏州的公交站台，以苏州园林之城的特点作为公交站台设计的母题，使当地的公交站台具有明确的地域属性（图3-32）。

图3-32　苏州饮马桥公交站台

1. 功能要求

① 候车亭与候车廊的主要功能是候车停驻，是乘客等候公共交通停靠的空间，因此要划分和预留其应有的空间范围，尽可能地增设一些供乘客短时间休息的公共座椅。候车空间内的公共座椅有坐与靠之分，可坐的椅子一般设计在人流量较小的地段，可依靠的椅子体量小，需要的空间少，适宜人流量多的地段，可为乘客提供短暂的休息。

② 遮阳避雨也是候车空间的重要功能，目前很多城市的公交站台遮檐太短，并不能满足这一功能。候车空间是城市大空间中的子空间，应为市民提供遮挡和停留的空间。

③ 路线标识是候车空间不可缺少的功能，它应明确标示出车辆的线路、站点、目的地、发车始末时间等，还应设置电子站牌、自动报站系统、时钟等。若是轻轨、地铁、快速公交这类位于半空和地下的候车空间，还应考虑直升电梯、自动扶梯、无障碍坡道、盲道等设计，务必使任何人都能轻松快捷地到达候车室。

④ 安全性要求，候车空间还应考虑夜间照明、监控、报警等安全功能需求。

2. 造型要求

候车亭与候车廊的设计在造型、色彩和材质上都应具有易识别性，处理好城市、区域特色与个性的关系，还应与其他设施形成合理布局。

候车亭与候车廊主要由顶棚和支撑部位组成，为了满足遮风、遮阳、避雨的功能要求，顶棚的面积往往较大，对环境的影响也较大，因此在造型上应力求简洁大方并富有现代感。同时还要关注其俯视与夜间的景观效果，最大限度地与当地的人文环境、景观特点相融合。候车亭与候车廊一般采用耐腐蚀、防破损、易于清洗的材料，大多以不锈钢、钢化玻璃、铝、铸铁等材料为主。在设计上还应考虑生态、环保、新科技的应用，如太阳能采集自发电的系统等。在尺寸设计上可根据候车空间所在的街道位置定义其长度，宽度应不小于1.2米，如果条件允许，还应预设售货亭、垃圾桶、公共座椅等设施所需空间以满足乘客的需要。

候车亭与候车廊在造型上主要分为两类：半封闭式与开放式。半封闭式的候车空间是一侧或两侧的背墙采用隔离板与外界分离，隔离板上可配以海报或广告，还可附上交通方位图或地图，方便乘客确定自己的位置。隔离板也可采用透明的材质，使乘客能观看周围的环境又不至于有风雨的干扰，或者中间设计隔断，方便乘客自由进出。多样化的隔板产生各种不同的设置，丰富候车环境，这种类型在当代候车亭的设中非常多见，体现其人性化的设计（图3-33）。开放式的候车空间是指四周通透，仅有顶棚和立柱支撑，立柱上可设置广告牌和车辆信息系统。这类候车亭的优点是方便查看四周环境，尤其在上下班人流量大、车次多、街道窄的情况下非常适用（图3-34）。

图3-33　美国波特兰市中心区的候车亭

图3-34　美国维克技术社区学院候车亭
（设计：Pearce Brinkley Cease + Lee）

天津滨海新区中新生态城智慧公交站台

本项目为国内首批智慧公交候车亭项目，站台内同时可以提供新闻浏览、电子书借阅、查询生活服务、购买商品、城市Wi-Fi热点覆盖等功能。作为该公交站台太阳能解决方案的提供商，汉能大客户销售总部移动能源六部在站台顶部铺设了MiaSolé薄膜太阳能柔性组件，以太阳能发电供给公交设备所需能源。汉能MiaSolé组件具有“轻薄柔”的特点，可实现与站台紧密贴合，只要有阳光，车站就能自己发电，且不排放任何污染物，是真正的低碳节能、绿色环保（图3-35）。

该项目的落地，为天津中新生态城的智慧公交站台建设起到积极示范作用，也为全面展现立体美观的城市形象，打造完整复合的生态系统，搭建舒适便捷的配套体系，建成国家绿色发展示范区提供了有力支持。

图3-35　天津滨海新区中新生态城智慧公交站台

（二）隔离带、路障设施

在城市开放场所中，人们需要安全、和平的环境，保证人们的安全是空间环境的首要任务。各种隔离带和路障设施是防止事故发生、加强安全性的设施，如阻路设施、减速装置、反光镜、信号灯、护栏、扶手、隔离绿化带、疏散通道、安全出入口、斑马线、安全岛、车挡等。这些安全设施需要明显的示意功能，因此可以通过明确的造型或与色彩、灯光等结合加以警示，提高人们的安全意识（图3-36）。

图3-36　南波士顿Macallen Way路障（设计：Landworks Studio，Inc.）

路障设施分为固定式和可移动式两种，在功能的基础上，同时应考虑到设施的景观效应以及与环境的融合性。如欧洲国家最早用铁链做隔离设施，分隔人行道与马车道，用虚空间的手法处理空间的功能分隔，手法柔和且保持了空间的整体性。在城市中常常可以看到马路中间设置护栏，可以划分车道并阻止人的随意穿行，但太长的护栏设计会导致不文明的行为产生。此外，护栏在城市中的水岸、桥边、马路周边都应有相应设置，护栏的色彩和造型直接影响道路景观，应与周边城市环境相

图3-37　苏州河沿线护栏
图3-38　几何多面体护柱

呼应（图3-37）。隔离绿化带也是交通安全设施的一种，常常被用作分隔双向车行道、台阶、车行道与人行道，绿化带的造型不一而足，可考虑适当增添环境趣味的设计，增加人情味。护柱也是一种止路设施，经常出现在交通十字路口、街口处、步行街等地方，护柱的造型也逐渐脱离单纯的圆柱体，呈现出多种几何形态（图3-38）。护柱的高度一般为70厘米左右，间隔约60厘米，应考虑残障人士出入的空间，一般按90～120厘米设置，为了方便轮椅通过，止路设施前后还应有150厘米的活动空间。

路障设施和隔离带等交通安全设施在过去很多仅仅只满足了功能需求，而在造型和色彩上缺乏精心设计，实际上设计师可根据周边城市环境、建筑风格等进行更多有个性的设计，从细节上塑造城市空间气质，丰富区域空间面貌。

（三）车辆停放、加油站

1. 自行车停放设施

我国城市人口密集，交通压力过大，很多市民选择自行车出行，自行车作为一种运动也得到很多人的青睐。但自行车的停放一直是城市管理系统中较为混乱的一块，特别是共享单车在全国各大城市的上线，停放系统不完善导致城市景观和空间品质下降，改善与设计自行车停放系统应得到设计师的关注。作为历史悠久的交通工具，自行车的便捷、环保、健身等作用使得自行车不仅不可能消失，反而会有所发展。目前自行车停放存在以下问题：一是未将自行车停放作为城市环境设施中的重

丹麦哥本哈根穹顶广场

2019年8月下旬，哥本哈根的新大型广场Karen Blixens正式开放。广场中的特色起伏地形、中空山丘和低矮的自行车道，开辟了一种新型的自行车停放方式。该广场是哥本哈根大型公共空间之一，可停放2000多辆自行车，由Dan Stubbergaard领导的COBE与EKJ共同合作设计完成。哥本哈根是世界领先的自行车城市之一，超过40%的城市居民每天都会骑自行车上下班。COBE创始人兼建筑师Dan Stubbergaard的理念是：这种综合山地景观为自行车创造了一个大容量的停放空间，其中2/3的停车位来自自行车山丘内部的有顶空间（图3-39）。

图3-39　哥本哈根穹顶广场的自行车停放设施

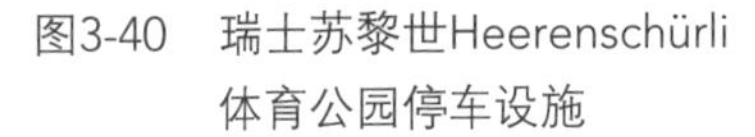

图3-40　瑞士苏黎世Heerenschürli体育公园停车设施

图3-41　立体自行车架（设计：Manifesto Architecture）

要组成部分加以考虑，对停车点规划不当，投资不足；二是自行车停放设施缺乏优秀的设计，现有设施形式单一，简单不实用。自行车取放不便，停放无序，从而影响整体景观。因此应在商场、广场、电影院、地铁、商铺等周围设置固定的自行车停放设施，设计上应满足对环境的美化要求。

自行车停放主要有以下形式。

① 固定式。固定式的停车设施是将支撑埋入地下，以加强其牢固性（图3-40）。

② 活动式停车架。这是可以整体移动的停车设施。重复连体成系列，可提高空间的利用率。在需要移动时可随时搬运组装。

③ 简易单元体停车设施。大多是一些商户为方便顾客停车临时摆放的商店门口的设施，可在打烊后收起存放。

④ 依附于护栏等设施的停车设施。优点是占地小，且简洁的设计更好地与环境结合。

如何提高空间的使用率是设计自行车停放系统时应考虑的，在造型上也可不拘泥于直线型的排放，如弧形、波浪形、圆形等造型方式都可根据环境的空间大小来设计。除了平面式的存放外，还可考虑阶层式的纵向存放（图3-41）。优秀的自行车停放设施能营造文明的环境，规范和引导人的行为。

2. 汽车停车设施

① 管理亭和收费岗亭。收费岗亭是汽车停车场的管理设施，它是作为独立形态的小空间的公共设施，它既有建筑物的特点，又应与空间环境协调。收费岗亭造型设计一般是较轻巧或简洁的几何形态，色彩柔和，应与周围建筑、场所特征、周围景观等协调统一。公共开放空间出入口或者是游乐园的停车收费岗亭都应通过合理的布局规划，以明确的造型获得公众的视觉识别，提升场景魅力。

② 机动车车位。机动车车位是根据车型大小来确定的，小轿车标准车位尺寸为长8米、宽3.7米；摩托车标准车位尺寸为长2.5米，宽1米。车位的安排方式分为垂直式、斜列式和平行式三种，其中垂直式占用面积最小，可以容纳较多车辆。在实际环境中可根据不同的空间大小选择不同的车位形式（图3-42）。

③ 其他设施。常见的汽车停车设施还有自助缴费机、临时停车设施、多功能停车设施等，停车场还应设置反光镜、减速带、停车线、限

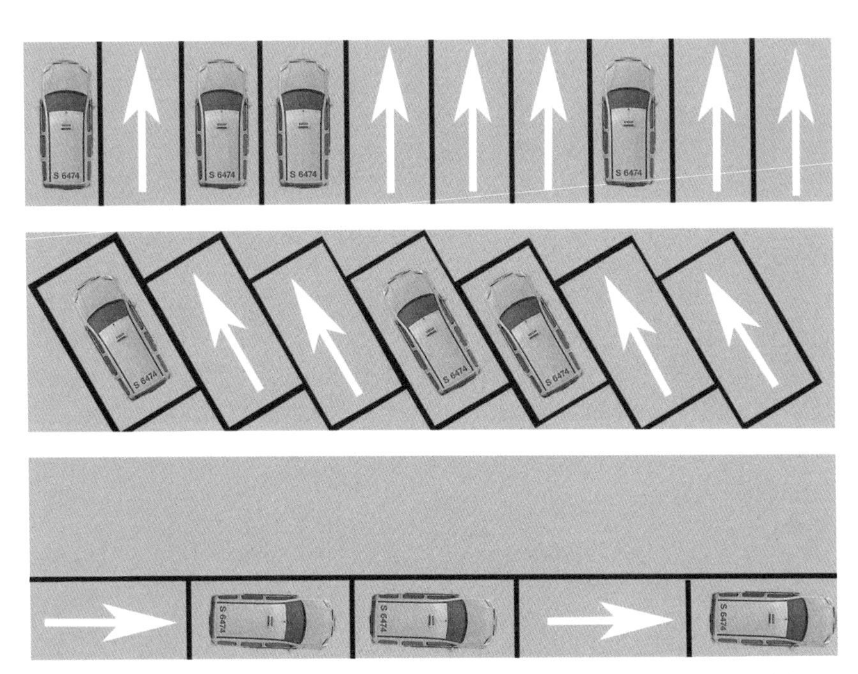

图3-42　机动车车位的安排方式（从上至下为垂直式、斜列式、平行式）

速等各种标识和夜间显示装置。同时要综合考虑绿化、照明、排水等设施。

3. 加油设施与充电桩设计

加油站的设计标准应严格按照国家规定，在标识设计和加油机的造型设计方面也要符合国际标准，做到节能、安全、防冻、防高温等。在操作手柄的设计上，要有防滑设施，增加防滑套、设置凹凸槽等；加油机信息显示的屏幕设计，要在人最佳的视觉高度，上下范围不超过60度；加油机的色彩要具有特点而且纯度高，以突出其位置；进口与出口的引导标识要明显有次序（图3-43）。随着新能源电动车的上市与普及，充电桩设计也成为城市交通设施的重要环节。充电桩可分为壁挂式和落地式，在设计时应有电子显示屏显示已充电量和剩余时间，可提供扫码、刷卡、Wi-Fi等自助功能。

（四）自动售票系统和自动闸机

目前人们出行的方式日益增多，以前只有公共汽车、电车等，现在磁悬浮列车、地铁、轻轨、小汽车等都成为人们重要的交通工具，以前只是人工售票，现在大多采用自动售票机和自动闸机，运用手机扫码、人脸、指纹、手脉识别等高科技快速进入交通系统，提高效率并节约人力。

在设计自动售票机和自动闸口的时候应注意：一是标识醒目，夜间要有灯箱显示；二是注意操作界面信息清晰，文字、按钮、插卡口、显示屏布局要符合人的操作流程和视觉习惯，使各个层次的消费群体都易于识别和操作；三是作为信息时代城市环境设施，是环境中的亮点，无论在造型还是色彩方面，都需要与环境相协调（图3-44）。

高速的现代化交通工具提供给人们更高效和便捷的出行方式，城市交通设施的设计也日臻完善。在环境中体现人们的思想、意识、文化并使之得以延续，有助于体现空间特色，提升空间品质，丰富公众的精神生活内容。

图3-43　美国路边的加油设施

图3-44　成都地铁成都理工站道闸设施

五、城市游乐设施

城市游乐设施是城市服务设施的重要组成部分，为市民提供健身、运动、游戏、活动、交往等功能，体现了对人的活动与需求的关怀，也是场所精神以及环境质量的重要体现。

游乐设施一般设置于城市公园、广场的儿童游乐区以及居住区内的运动与活动场地。其中一些大型的游乐设施应有专门的区域进行规划，在居住区、广场等地适合设置小型的噪声低的静态游乐设施。游乐设施不仅适合儿童，而且要满足不同年龄段人群的娱乐需求，如健身、运动、纳凉、读报、跳舞等，因此针对不同的人群应考虑不同的游乐方式和相应的设施设备。

（一）适合老年人使用的游乐设施设计

如今，我国已步入老龄化社会的时代，老年人群体成为庞大的社会组成部分，老年人的居住与生活也越来越受到人们的关注。随着自然年龄的增长，老年人的神经、器官、肌肉的反应能力都逐渐迟钝，大脑反应较慢、视力开始下降、行动能力减弱，对环境的适应力也远不如成年人，关心和关爱老年人的娱乐生活也是体现人性温暖的一个方面。另一方面，很多家庭由于子女的远离造成老人的孤独感，如何从丰富、完善的户外娱乐生活来弥补这一缺憾，也是研究城市环境设施应充分考虑的。

① 外部环境的设计应能弥补老人丧失的一些能力，如通过色彩、质感、空间的变化弥补老年人感知和知觉的能力，通过交往空间的设计弥补老年人的孤独感和寂寞感，通过对室内外无障碍设施的设计弥补老人身体协调性的丧失。万科·四季文博园中的老年健身场地就通过鲜明的色彩、无高差的地坪设计以及防滑通道等营造了对老人非常友好的游乐空间（图3-45）。

②娱乐活动设施应考虑其多样性，总体可分为两种娱乐方式：动态和静态。动态的娱乐方式例如利用健身设施运动、散步、打太极、跳舞等，要求在环境中充分考虑老年人需求，预留场地；静态的娱乐活动例如聊天、喝茶、打牌、下象棋等，要求在环境中设置相应的户外家具，便于利用（图3-46）。

③ 老年人使用的游乐设施应考虑安全性，布局上应将这些区域设置在远离交通干线、安静的位置，同时应充分考虑无障碍设施设计，满足残障老人、行动不便者的使用。同时还应考虑到遮阳、防风、避雨等功能要求，也可考虑将老人娱乐休闲活动的场所和儿童活动区域结合布置，方便照看。

图3-45 万科·四季文博园中老年健身设施
（设计：DDON笛东设计）

图3-46 万科·四季文博园老人静态活动空间
（设计：DDON笛东设计）

图3-47 亚特兰大Los Trompos旋转凉亭
（设计：Esrawe ＋ Cadena）

图3-48 加拿大蒙特利尔Impulse跷跷板
（设计：Lateral Office & CS Design）

（二）适合中青年使用的游乐设施

中青年人对环境的适应性较强，但他们对宜人环境感知的敏锐度也很高，他们使用这些设施是在工作之余，用于运动、健身、休闲、亲子等活动。

① 交往空间是成年人使用的共同需求，他们可以利用午休、下班等时间聚集在一起加深相互间的了解。在设计成年人使用的游乐设施时，可充分利用屋顶花园、建筑的架空底层、建筑前的门廊形成开放的公共空间，并设置相应的环境设施，如茶座、游戏坐具等吸引年轻人的聚集。同时年轻化、个性化的设施对青年人具有新吸引力（图3-47和图3-48）。

② 下班后与家人的户外休闲时光相当珍贵，居住区的绿地、街头的小游园、滨水的散步道是亲子时光的绝佳地点。这类游乐设施的空间

应有较强的适应性，适合大多数人使用，散步道也应该曲折、流畅，两侧设计很好的景观，在一定距离内设置休息设施。

③ 活动与运动空间主要是青年人的需求，年轻人活泼好动，舞场、健身设施、活动广场、运动场地是他们喜欢光顾的地方。所以在城市公共绿地中应提供更多的体育场地，如跑步道、排球场、篮球场、羽毛球场和乒乓球台等，但要注意动与静的结合（图3-49）。

（三）满足儿童活动的游乐设施设计

儿童是城市环境中使用娱乐设施最多的人群，游乐设施为孩子们提供了游戏、交往、智力开发、体能锻炼、意志和品格塑造的途径。儿童享有游戏和娱乐的权利，每天不低于3小时的户外活动时间有利于培养儿童的身心健康。

各个不同年龄段的儿童有不同的行为特点。小于3周岁的婴儿，由于刚开始学习行走，大动作发育方面处于起步阶段，因此在户外运动中更多的是在父母看护下静态玩耍。在设计娱乐设施时不应设计太多器械，设施应平滑、简单，尽可能设计成圆角，并尽量考虑无重力设施，避免使用者受伤。婴儿游戏区最好应单独规划一个区域，避免其他年龄段儿童的干扰，可在场地内设置沙坑、小型滑梯等，场地周围应设计休息座椅、平台等，方便成人看护（图3-50）。3～6周岁的幼儿，在体力上有了很大的增强，能独立进行一些简单的游戏，并且由于记忆力、求知欲和思维能力的上升，开始观察、认识外部世界。这个阶段的幼儿喜欢一些创造性活动，如搭积木、做器械活动、攀高爬低、骑车等，因此儿童游乐设施应以器械为主，比如秋千、大型滑梯、攀登架、水池、迷宫等（图3-51）。7～12周岁的儿童，他们已达上学年龄，身体各方面的技能、协调力已经达到较高的水平，男孩一般喜欢踢足球、奔跑等活动，女孩则喜欢跳舞、跳皮筋等活动。这个阶段的孩子还具有一定的逻辑思维能力，对具有科技感和体验感的游乐设施更感兴趣。12～15周岁属于少年时期，是身体迅速成长的阶段，思维能力和独立能力都有增强并具有一定的判断能力，此时在户外以体育锻炼为主，游乐设施主要考

图3-49 青少年运动场地
图3-50 兰州保利大都汇低幼无重力游戏设施（设计：奥雅景观）
图3-51 上海红色星球公共游乐设施（设计：佰筑建筑）

虑运动设施和户外学习场地。

儿童游乐的场地在设计时应考虑其安全性，一般设计在组团绿地中，呈口袋形，也就是说只有一个出入口，设施设计不能有遮挡，应完全暴露在大人看护的视线范围之内。构成儿童游戏场地空间的基本要素有铺装、游戏器械、绿地、沙坑、迷宫、水池、绿篱、矮墙、雕塑小品等，也包括四周的构筑物。空间色彩、环境肌理都应在保证和整体环境相协调的前提下，符合儿童的使用心理。游戏器械还可以和动物、童话故事、寓言、科学常识相结合，使游戏场成为儿童开发智力、锻炼身体、培养健全性格的亲切开放的空间环境。

常见的儿童游乐设施如下。

① 游戏墙和迷宫。游戏墙可以有不同的平面形式，墙高也有不同规格，上面可以有大小不同的能钻进和钻出的圆洞，可让儿童爬、钻、

登，以锻炼体力并增强趣味性。迷宫是游戏墙的一种，内部设计成较曲折的路线，儿童会因为探求欲望而提高兴趣，迷宫也可由植物修剪围合而成。

② 摇荡式器械。如秋千、荡木等可以在空间来回摆动的器械，秋千可以用木板制作，也可以采用废旧的轮胎，荡木是指两端通过链条连接，可以左右摇荡的游乐设施。

③ 滑行式器械。主要形式是滑梯，滑梯的规模和样式也各有不同，可根据场地的大小和平面形态来设计，滑梯的形式有直线形、曲线形、波浪形、螺旋形，还可根据动物的形态进行仿生设计，如大象的鼻子、长颈鹿的脖子等，落水点可以是水池、沙坑，来增强游戏的乐趣性。

④ 攀登式器械。攀登式器械适合学龄前后的儿童玩耍，分为硬质攀登设施和软质攀登设施，由木杆、钢管和藤索等组成。儿童可以攀高爬低，是锻炼儿童手眼协调的游乐设施，也可结合滑梯组成。攀登式器械要注意地面材质的柔软，一般设置在大型沙坑中。

⑤ 起落式器械。常见的跷跷板属于起落式器械，用木材或金属做支架，应设置扶手，可做仿生形态的设计，增强视觉吸引力。

⑥ 悬吊式器械。单杠、双杠、吊环等都属于悬吊式器械，设计高度不宜太高，地面材质应尽量柔软，由于对体力要求较高，比较适合年龄较大的孩子。

⑦ 互动科普式器械。通过游乐互动装置揭示某些科学、技术、工程、艺术、数学、生活等原理，满足儿童的好奇心和求知欲，从玩中学，非常适合7～12周岁学龄段的儿童。

儿童游戏可以是一种令人惊叹的社会教育，它教会孩子强健体魄，和逊谦让，创造创新。游乐设施从古老简单的秋千发展到现代综合性的大型游戏器械，也正从单一技能向复合型技能发展（图3-52和图3-53）。

图3-52 Gustave & Léonard Hentsch Park 游乐设施（设计：HÜSLER & Associés）

图3-53 蛇口学校外互动科普游乐设施（设计：自组空间设计）

第二节
城市景观系统设施

城市景观系统设施是城市环境中重要的组成部分，由于其特定的文化内涵和艺术欣赏价值，成为衡量美丽城市的主要指标。城市景观系统设施除了具体的使用功能外，其艺术属性是其重要的特征，每个城市、每个地区由于历史发展与文化脉络各不相同，长久以来沉淀下来的城市精神与气质也各不相同。在进行城市景观系统设施设计的时候，应该尊重市民使用需求和审美共性，一城一景，通过景观设施讲述一城故事。

一、景观构筑物

（一）凉亭、棚架等

汉代刘熙在《释名》中解释道：“亭，停也，亦人所停集也。”就是说亭自古便是提供给人逗留、交往、聚集的空间，亭、台、楼、阁、榭更是中国传统园林中不可缺少的造景元素。在现代城市环境中，凉亭和棚架的设计则是传统园林中亭和廊的演变。亭里，老人下棋、坐闲，亭外，孩子奔跑、嬉闹。它们用新的形式、材料、色彩构成符合现代设计语言的环境设施，共同营造美的城市空间环境。

1. 凉亭、棚架的作用

凉亭、棚架是从亭和廊的形式演变而来的，形式丰富，造型小巧，由于形体、高度、结构、色彩、材料的可组合性多，呈现出多种多样的变化感。它们是空间中的小型建筑，却比其他建筑更为灵活，是为传统的景观小品赋予新的内容。

中国古典的亭多建在山顶或园林中，是景观的点缀，也是为人们游园、爬山休息之用，亭还常常是中国画中表现山水场景时的点睛之物，说明亭在中国古典美学中的重要作用。现在的凉亭是街头、公园、社区、广场等城市环境中不可缺少的景观设施，具有更多的公众性。棚架是古代游园中廊的新形式，也可看作是亭的延伸，它布局自由，有强烈的导向性，常常作为景观之间的连接，总体造型上分为直线型和曲线型。凉亭和棚架提供人们休息、游览、漫步和交往等活动空间，它们常常是环境中人气很旺的区域（图3-54）。

2. 凉亭、棚架的设计原则

凉亭、棚架的美往往建立在自然美与技术美的结合上，自然美包括形态优美，与周边环境的协调美；技术美则包括材料与质感美，造型与形态美。新的科技为设计各种形态、尺度、体量和色彩的凉亭、棚架提供了最大的可能。设计时应考虑以下几点。

① 空间性质。该空间是观赏、休息、娱乐空间？抑或是过渡空间？不同的空间性质有不同的造型和色彩。如儿童游乐空间中应选择造型可爱、色彩鲜艳的小巧的凉亭；在与自然联系紧密的观赏空间可以选择自然的竹、木制茅亭（图3-55）。

② 空间的分隔。凉亭、棚架是户外大空间中的小空间，分割方式主要是心理分隔，并无实体隔断，可根据与周边环境的联系选择不同的分隔方式，如住宅社区，可以在棚架的边缘种植藤蔓植物，形成花棚（图3-56）。

图3-54　张唐景观：阿那亚儿童农庄鱼骨亭

图3-55　凤栖亭（设计：匠作工作室）

图3-56　新加坡OUE Downtown楼顶植物廊架
（设计：Shma）
图3-57　苏州相城规划展示馆连廊
（设计：上海日清建筑）

③ 空间装饰。凉亭、棚架是通透的小空间，需要一定的装饰手法凸显与环境的联系。如在中式风格的环境中，可采用传统的斗拱、坡屋顶等设计元素；地面的装饰也可是外部地面铺装的延伸；坐具的设计应有统一的风格；还可以和水景或者光影结合形成空间内外的和谐氛围（图3-57）。

④ 材料的使用。凉亭、棚架在环境中的功能不仅是休闲、游乐，还应满足遮风避雨的要求，因此，在材料的选择上应选用结构安全、经久耐用、防腐处理过的材料，如防腐木、石材、钢结构、钢化玻璃、玻璃钢、铝材、不锈钢、镀锌板等。

（二）售货亭、售货机等

售货亭是在城市环境空间中快捷地为人们服务的小型构筑物，它提供售卖、展示等功能。常常设置于公园、广场、街道等人流量大、开敞的空间。售货亭有固定和移动两种形式，移动售货亭在国外比较常见，它一般会与车辆结合，方便移动。售货亭满足了人们多样化的生活需求，快捷全面地为市民服务，也丰富了城市空间的构成元素。设计时应注意以下几点。

1. 造型以小巧灵活、色彩鲜艳为宜

售货亭可售卖旅游纪念品、食物、书报等，应根据其用途、目的、道路状况、人流量、消费群体等进行详细调研，从而确定售货亭的面积、大小和位置。售货亭应具有如下功能：体量较小，分布面广，造型灵巧，色彩鲜明，服务内容丰富。

2. 可结合其他环境设施共同设计

售货亭是城市环境中为市民提供多种活动的设施，在设计时应考虑与周边其他环境设施相结合，例如公共座椅、遮阳设施、垃圾箱、烟灰缸等服务性设计，在城市环境中营造活动丰富的以售货亭为中心的独立小环境。上下亭是由Woods Bagot建筑事务所设计的位于纽约海港区的饮料摊位，由若干个铝制圆筒组成，利用曲线结构为人提供阴影。此外，售货亭周边提供了大量观景的公共座椅，形成了以售货亭为行为中心的小场景（图3-58）。

3. 应与周边建筑环境相协调

售货亭的造型和色彩应能吸引人的注意，但也应注意与周边环境的协调性。设计或雅致，或活泼，或夸张，或现代，或装饰意味浓厚，力求与周边景观、建筑、文化气息相协调，成为大众化、开放性的城市公共小空间。Mizzi Studio受工匠品牌Colicci委托，为伦敦皇家公园设计了一系列售货亭。与场地周围的一级古迹相呼应，Mizzi团队设计的每一个亭子在环境中的位置都与建筑或有机元素相协调，并与之共享空间。独立的售货亭被设想为一个独立的曲线结构，有一个优雅的树状冠层，将其设计语言统一起来（图3-59）。

图3-58　美国纽约上下亭之一
（设计：Woods Bagot建筑事务所）
图3-59　英国皇家公园售货亭
（设计：Luke Hayes，Mizzi Studio）
图3-60　麓湖生态城G1艺展公园的景桥
（设计：成都怡境国际设计集团）

（三）景桥

景桥属于景观构筑物的重要组成元素，景桥是以桥体和桥位周边环境共同构成的优美的空间环境。在美学的原则指导下，结合地域特征，融合艺术与结构所进行的“美”的创造。城市中的景桥一般情况下是指人行桥梁，相对城市其他桥梁形式如立交桥、车行桥，由于其所属环境、使用对象、结构跨度和承载要求的不同，其作为环境设施需凭借独特的美学创作和多样的桥梁造型表现出艺术与结构相互融合的空间魅力（图3-60）。

二、景墙、围栏

景墙是划分空间、组织景色、安排导游而布置的围墙，能够反映文化，兼有美观、隔断、通透的作用的景观墙体。它是中国古典园林中常见的景观元素，《园冶》中描写景墙：“宜石宜砖，宜漏宜磨，各有所制。”其形式不拘一格，功能因需而设，材料丰富多样，在古典园林中常借用景墙营造障景、漏景、框景等艺术效果。景观设计发展到现代，将城市形象融入景墙的设计中，运用景墙作为城市环境美化、打造城市风貌的重要手法。泰国Garden Plus住宅的围墙选取了老城市天际线形状为创思来源，不仅有符合当地人文的形状契合，也有适合景观需要的设计融汇（图3-61）。

（一）景墙的作用

① 具有划分内外范围、分隔空间和遮挡的作用。景墙在室外环境中可以分割或连接不同类型的空间。通过景墙的处理能够产生空间环境中的虚实对比，有利于不同空间渗透多元化元素，从而使城市景观丰富而活泼。还可以通过景墙的遮挡功能，形成视觉上的掩映，使空间有欲说还休的意境。

图3-61　泰国Garden Plus 住宅入口景观（设计：XSiTE Design Studio）

② 具有引导视线及动线的交互作用。利用景墙的延续性和方向性引导人流有秩序地进行观赏或活动。除此之外，景墙的交互功能表现是近几年逐渐被设计师们意识到的重点，可以通过景墙的存在促进人景的交互，形成良好的景观体验，这样的交互式景墙出现在广场、街道、游乐设施等多样化的城市空间之中。

③ 具有装饰空间环境的作用，反映空间品质和场所文化。现代的景墙通过造型、材料、色彩等要素对城市环境进行装饰和美化，具有较高的观赏功能。同时每处景墙的设计还必须考虑周边环境因素和市民的审美能力以及当地的历史文化资源，景墙应该是反映时代精神和场所文化的景观设施。

（二）景墙的形式

① 独立式景墙：独立式景墙一般以一面墙独立安放在景区中，成为视觉焦点。

② 复合式景墙：复合式景墙以一面墙为主体，其余的墙面为辅助，使景墙形成一定的序列感和主次关系。同时，复合式景墙还可以结合周边植物、水体、灯光等，以多种材料、多种元素共同构成（图3-62）。

③ 互动式景墙：互动式景墙是近年来景观设施中新的设计形式，结合科普、新材料、虚拟仿真等现代技术手段吸引场景中人与物的交往互动，增强城市环境的参与性与趣味性。例如ball-nogues工作室为得克萨斯棒球场设计“不完整的围墙”（not whole fence），该项目使用多孔隔板建造，其功能是用来保护儿童游乐区不受棒球场的干扰，同时也旨在吸引路过行人的注意力并激发他们的想象力。该围墙采用铝型材精心雕塑，每片铝型材的两侧都经过了仔细研磨，从而为整面墙营造出了一种飘动的效果，其外立面切削出了一些结孔样式的洞，而内立面则形成木纹般的图案。围墙就像一层面纱，在不经意间将人们的视线引入球场内（图3-63和图3-64）。

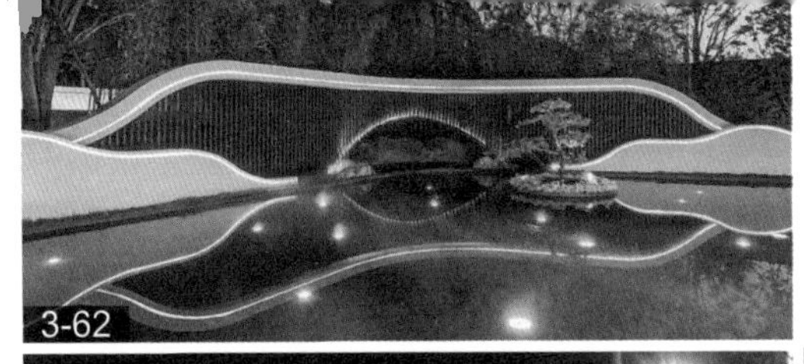
3-62

3-63

3-64

3-65

图3-62　中海·云筑的新中式景墙（设计：DDON笛东设计）

图3-63　不完整的围墙

图3-64　隔墙上的局部开口吸引路人向球场内张望

图3-65　景观雕塑的公交站台（设计：西班牙艺术家团体mmmm）

三、景观雕塑

在城市环境中随处可见的景观雕塑也是环境景观设施中不可忽视的部分，景观雕塑常常与周边环境共同构成一个完整的视觉形象，同时赋予空间环境以生动性和主题性，通过造型、质感、题材等使空间富于意境，从而提升城市空间环境的艺术境界。

景观雕塑按使用功能可以分为纪念性雕塑、主题性雕塑、功能性雕塑和装饰性雕塑等；从表现形式上可以分为静态和动态、具象与抽象等。景观雕塑的设计还应结合城市现有的公用服务设施如导视系统、饮水设施、景墙、候车亭等，营造有趣生动的城市空间（图3-65）。

景观雕塑应该具有时代感，恰当地运用材质、色彩、体量、尺度、题材等展示整体美与协调美。同时还应关注时代发展的走向，关注生态环境和人文精神，注重与人的互动，创造宜人的城市空间。

四、种植容器

城市环境中的种植容器包括花钵、树池等，种植容器具有可移动性和可组合性，能够结合其他城市环境设施点缀空间环境，烘托氛围。种植池的尺寸应该适合植物的生长特性和发育特点，一般来说，花草类容器应深20厘米以上，灌木类容器应深40厘米以上，小乔木等观花类植物容器深度应高于45厘米。

种植容器的材料应具备一定吸水、保温的能力，注意盆内散热与保暖，常见的有透水混凝土、陶土、防腐木、玻璃钢等。城市中的种植容器常常与雕塑、座椅、游乐设施、地形等组合设计，形成具有场景聚集的城市空间（图3-66）。种植容器的尺度大小没有一定的规范，可以根据场地的需求进行相应设计，容器的形态还可进行模块化设计，独立摆放成型，多个组合也可形成不一样的景观效果。

图3-66　蛇口学校广场种植池（设计：自主空间）

第三节
城市照明系统设施

照明系统设施是城市环境中不可缺少的组成部分，一方面它能提供城市的秩序、安全、有效管理的功能性要求；另一方面可以提供夜间城市的空间形态展示，满足人们视觉美的需求。随着现代人夜生活的日益丰富，夜间活动逐渐增多，通宵影院、KTV、夜市等商业的出现也为人的夜间外出提供了更多可能，这必然对夜间的安全、光照环境的需求越来越高。城市建设与管理也要求夜间的城市形态与白天有不一样的景致，很多城市也提出了亮化、光辉的口号，城市的夜晚不再只有路灯、宅灯与楼灯，在主要景点处、交叉路口、步行街、商业店面等人流密集的地方，均需在普通照明的基础上增加艺术灯光，赋予城市奇特的效果，展现城市迷人的夜风景，如上海、香港、重庆等城市的夜景就成为城市名片，享誉国内外（图3-67）。因此，城市的照明设施也和其他环境设施一样肩负、承载并体现区域文化特色，展现区域的人文精神，提高区域的审美趣味。在优化“人-自然-社会”的系统中，城市环境的规划设计将与城市建设、时代的发展共同进步。

光本身具有透射、反射、折射、散射等特性，在特定的空间内可以呈现多种艺术效果，如强弱对比、明暗对比、色彩对比等，不同的照明效果赋予人不同的心理感受。城市环境照明中除了对光要求较高外，还对灯具的外观即造型有较高的要求，既要与环境特色保持一致，又要兼具划分、围和空间的作用，如灯柱的造型有界定、限制、引导的作用，又与环境空间整体的视觉效果共同构成光环境。

一、功能性照明

路灯照明是环境中的功能性照明，主要考虑光的亮度与色彩、光的角度、灯具所在的位置环境和独特的造型等。道路照明一般位于道路附近，是从上向下照射以使路面明亮，可增强道路的方向感及引导性，应

图3-67　重庆洪崖洞夜景
图3-68　香港尖沙咀柱杆照明

注意在拐弯等处没有黑暗的死角，道路照明也视道路的类型宽窄选择不同规格的照明设施。常见的道路照明如下。

（一）柱杆式照明

柱杆式照明与路面的关系比较密切，损光性小，经济实用且使用灵活，可配置成如单侧、双侧对称、双侧交叉等不同的位置。柱杆式照明一般还可分为高柱杆照明、中柱杆照明、低柱杆照明，其中高柱杆和中柱杆主要用于功能性的照明（图3-68），低柱杆则主要用于环境氛围的照明。

（二）悬臂式照明

悬臂式照明高度一般在7米以上，大多用于干道照明。分单侧、双侧对称、多侧式配置，光效率要求高，应该考虑路灯的间距、光源的类型。

二、环境照明

环境照明是在城市空间中利用灯光营造一定的环境氛围，起到衬托、装点环境和渲染气氛的作用。如在广场中的雕塑、喷泉、纪念碑等景点周围给予恰当的光照，凸显物体造型与轮廓，有力地表现其文化特质。这些灯具在白天以艺术小品的形式出现在城市环境中，以不同的或群体组合呈现，营造白天与夜间不同的视觉效果。常见的环境照明灯具如下。

（一）低杆照明

低杆照明是高度低于90厘米的杆型灯具，常设置于园路步道两侧、坡道和台阶处，光源低、扩散少，易于营造柔和、安定的环境，也可使植物组团产生明暗不同的光照效果，别有情趣（图3-69）。

（二）地灯

地灯是直接安置在地平面上的灯具，常常用在道路铺装、台阶边缘、草坪上，它们可以构成图案，也可色彩斑斓，使得地面效果在夜间别有情趣。有的地灯还具有感应装置，有人经过时变亮，无人时则熄灭，具有动态的空间效果（图3-70）。

3-69

3-70

图3-69　绿都·洛阳府低杆照明（设计：亦构景观）

图3-70　金色领域青年社区星座地灯（设计：颂雅景观）

（三）射灯

射灯在环境照明中属于方向性较强的重点照明灯具，它的使用可以凸显环境中某个小品、雕塑或植物的造型。照射的方式分为顺光和背光，顺光照射是从正面照亮被表现物，适合表现物体的细节，背光照射是从背面照射物体，适合表现物体的轮廓，可在夜间形成剪影的效果。

（四）水景灯

水景灯是用在水景周围的灯具，如湖面、水池、喷泉、瀑布等。动态水景如喷泉使用的灯光相对跳跃，色彩变幻强烈，营造出生动的空间环境，如深圳的音乐水剧场，水景、灯光和音乐的搭配使空间环境展现出时而柔和，时而激进，时而亢奋的动态空间；而静水面使用的灯光相对静谧，如水池内的灯光安静柔和，营造迷人浪漫的水景（图3-71）。

（五）与景观小品结合设计的组团灯具

空间中有的灯具是与景观小品结合设计的，造型独特，色彩靓丽。白天的时候它是景观小品，并不具有的灯具的特点，光源隐蔽，夜间却可以发射光线，形成独特的夜间景观效果（图3-72）。

环境照明应根据环境特质、空间结构、地形地貌、植物的尺度、质感等要素，以多样化的局部照明形成整体的照明效果，更好地烘托空间气氛，塑造空间特有的个性。同时，合理、科学的组织光源也非常重要，如表现植物组团时，应采用低置灯光和远光的结合，重点景区可利用灯具配合泛光照明。灯的照度、亮度与光的方向都应根据生态空间布局，以免过多的照明形成光污染。

三、装饰照明

装饰照明主要运用在购物、娱乐等商业场所，这些也是社会信息传递很敏感的地方，它以繁荣商业文化为前提来表现社会的活力。商业区的照明对光源的选择很讲究，因为它涉及商业建筑、商店招牌、广告宣传、橱窗展示等照明。商业街的照明主要有以下三种：

图3-71　芝加哥滨河路光环境
（设计：Sasaki Christian Philips）
图3-72　Vilnius 广场灯具
（设计：Martha Schwartz Partners）
图3-73　成都椒兰山房·叠院轮廓照明
（设计：赤橙建筑空间设计）
图3-74　Avalon 南站建筑照明
（设计：Mikyoung Kim Design）

（一）固定式、悬挂式照明

固定式灯具多用于泛光照明，照亮环境；悬挂式照明多用于建筑的四角，显示建筑轮廓和增加建筑的剪影效果以构成整体氛围（图3-73）。

（二）投光式

用于建筑表面的成角度的照明，以呈现建筑凹凸的立面变化，并通过灯光给予一定的色彩，在建筑表面形成统一的色调，有效凸显夜间建筑的美感，渲染商业环境。为保证投光效果，需要安放灯罩或格栅避免眩光，其一般位于较隐蔽的位置（图3-74）。

（三）霓虹灯、挂灯和灯箱

各种霓虹灯常常位于建筑的外立面，也可用在商店招牌、广告宣传等位置，由于其光照的灵活性、可变性，适用于打造热烈、活泼的夜环境。灯箱一般用作商店的门头、招牌，内置灯光，凸显上面的商品信息，也是构成商业夜景观的重要装饰照明形式。但在设计和使用过程中，应关注光污染对城市的影响，特别是在住宅区周边应少用或不用霓虹灯和灯箱的设计。

四、城市照明设计的要点

在建设国际化的城市过程中，要吸取优秀经验，总结教训，审视城市照明在城市景观中的作用，对城市照明进行系统分析，做好城市照明设计（表3-2）。

① 灯具造型与道路尺度、周边环境之间建立美学联系。

② 从照度和亮度、眩光控制、诱导性、光色等重要参数着手，系统分析城市照明的夜晚景观效果如何与城市空间协调。

③ 研究城市照明对人的夜晚活动的影响，确定不同照度、光色条件下的市民舒适度、安全感水平。

表3-2　城市照明类型

照明分类	运用场所	参考照度/勒克斯	安装高度/米	备注
车行照明	车行道	10～20	4.0～6.0	一般运用高柱杆灯具，应选用带灯罩的设计，避免灯光直射与眩光
	停车场	10～30	2.5～4.0	
人行照明	台阶、小路	10～20	0.6～1.2	光线柔和，灯具的造型应根据环境特质设计
	园路、草坪	10～50	0.1～0.9	
环境照明	铺装	10～50		水下照明应防水、防漏电，人可参与的水景和游泳池应使用12伏安全电压
	水类	150～400		
	小品等	30～50		
装饰照明	建筑立面	150～200		多采用泛光、投光照明，灯光色彩不宜太多，不能直接射入室内，应少用霓虹灯和灯箱
	商业宣传	150～400		

第四节
城市管理系统设施

城市管理系统中诸如电线杆、消防栓、排气管、配电房等各类设备，共同支撑着社会的整体活动。随着城市发展，作为管理功能的设施越来越多，但在设计上却远远滞后于环境设计的发展。假如管理部门各行其道，只按照自己的要求设置布局，造成城市管理设施体系的混乱，就会影响整体性。只有在区域规划的初始阶段变考虑到环境管理的各个环节，进行优化设计，才能体现真正的城市管理系统。

一、消防设施

消防设施是保证城市安全的基础，古代的消防设施是水桶和沙箱，现代的消防设施是消防车、消防栓和灭火器等。消防栓是室外环境中主要的消防设施，出于保护、耐用和使用的考虑，一般使用金属材料，大约100米间距设置一个，高度约75厘米，每个消防栓的用水量应为10～15升/秒，可采用标准柱形使其具有标识性。消防栓可根据地理条件、城市环境、空间氛围采用新的造型、色彩，改变陈旧的消防栓简陋的面貌（图3-75）。

地下消防栓是一种室外地下消防供水设施，用于向消防车供水或直接与水带、水枪连接进行灭火，是室外必备消防供水的专用设施，安装于地下，不影响市容、交通。地下消防栓由阀体、弯管、阀座、阀瓣、排水阀、阀杆和接口等零部件组成。地下消防栓是城市、厂矿、电站、仓库、码头、住宅及公共场所必不可少的灭火供水装置，尤其是市区及河道较少的地区更需装设。地下消防栓应结构合理，性能可靠，使用方便。当采用地下消防栓时，应有明显标志。寒冷地区多采用地下消防栓。

灭火器是常见的小型消防器材，经常被置于墙上，传统形象是大红色的筒状，设计师也可令其与环境融为一体，既显眼又不呆板（图

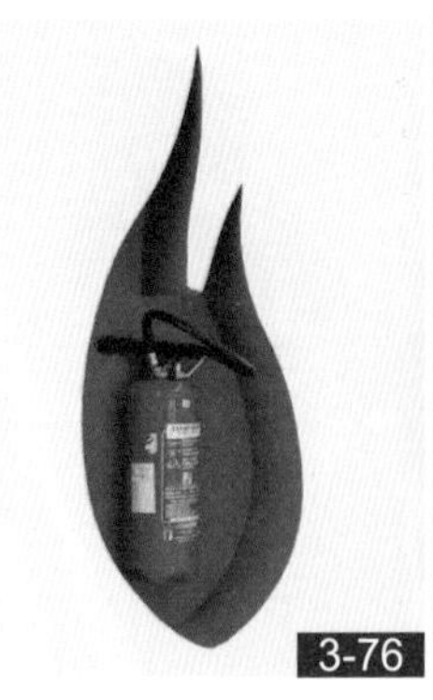

图3-75　丽江古城中的消防栓
图3-76　法国一所综合性教育建筑的灭火器
（设计：Paul le Querenc建筑事务所）
图3-77　柏林索尼中心采光井（设计：彼得·沃克）
图3-78　上海七宝万科广场设施（设计：TOA诺风）

3-76）。另外应注意标识的明确，既易于被发现，又易于被拿取。随着城市的发展，人们消防意识加强，消防设施的设计将受到更多关注。

二、采光井、配电房等

采光井是地下空间外墙的侧窗以挡土墙围砌成的井形采光口。井底低于地面，并应有排水设施。为了安全，井口应设箅盖，并兼起通风作用。如果井口仅设透光盖时，仅起采光作用，但有利于地下室的保温（图3-77）。

一般来说大型的公共建筑基本都设置有配电房，主要侧重于对用户供电的分配、控制与保护，配电房的容量相对较小。暴露在环境中的配电房也需对其外观进行处理与设计，使之不过于生硬。常采用的方法可以用生态围栏遮挡视线，或者栽种植物进行隐蔽（图3-78）。

三、井盖、树箅、排水口

随着城市发展，原有设置在路面上的纵横交叉的电缆、输送设备逐渐转向地下，利用地下空间进行线路管道的安装。地下的输送设备有电缆、光线、供水、供气等，各种管道错综复杂，大小不一，形成了立体形的网状框架。用于维护、维修、检修的出入口则通过井盖实现，各个部门自行安装井盖，大小不一、材料各异、形态不同，造成路面杂乱无序。为此，在区域规划或改造前就应协调各部门的关系，尽可能统一安排、统一设计井盖的规格及造型。井盖的形状一般为圆形，方便工作人员的进出，造型多样，应根据区域景观特色设计相协调的井盖造型（图3-79）。

树箅是树木根部的护盖，它可以为越冬的珍贵植物遮风避寒。根据特定区域的特定环境设计不同风格与形式的树箅，既保护树木根部不被破坏，又能从路面上遮挡暴露在外的泥土，起到美化的作用。树箅一般根据树高、胸径、根系大小而定，材料有铸铁或花砖贴面，图案可灵活多变，使路面产生多变的效果（图3-80）。

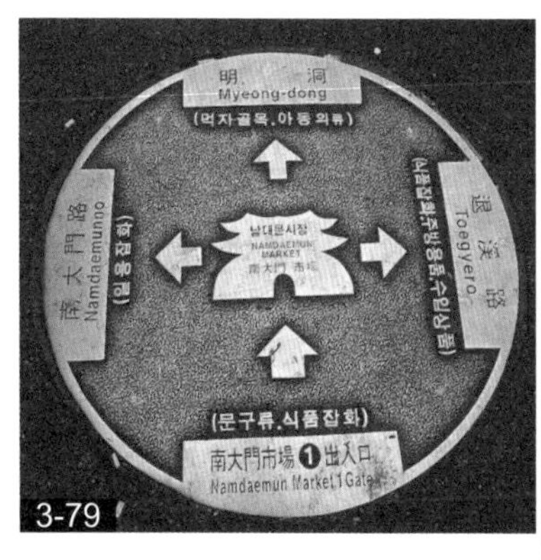

图3-79　韩国南大门与导视结合的井盖

图3-80　成都人民南路芙蓉花元素树箅

排水口也是路面管理设施的一种，排水口主要用于排水排污，好的城市地下排水系统不宜形成积水和内涝。排水口应根据周围空间环境的不同，设计成有特色的城市细节。

第五节 城市无障碍设施

众所周知，人类是一个综合性的群体，由于自然因素和社会因素，人类的组成中既有身心健康的成年人，又有行动不便的残障人士、老人、幼儿和体弱的伤病人，还有有心理障碍的人群。城市中的设施应该是提供给全部人群使用的，关注弱势群体，提供给他们像正常人使用的设施是一个城市关爱、包容、人性化的重要评价标准。残障人士受生理缺陷的影响和外界环境的阻碍，在社会生活中面临种种不便。因此无障碍设计是真正实现社会平等的基础设施，它是为残障人士和能力丧失者提供必要的居住、出行、工作和平等参与社会的基本保障，是提供和创造便利行动及安全舒适生活的设计。

西方发达国家在无障碍设计方面取得令人瞩目的成就，并制定了有关无障碍设计的条款规范，甚至还有专门提供残障人士工作、聚会、娱乐的场所。人们常常可以在美国很多场合看到残障人士聚会、运动甚至工作，而国内正常出行的残障人士比较少见。因此，中国设计师更应该关注无障碍设施设计。

一、城市环境设施无障碍设计的主要内容

（一）公用服务设施的无障碍设计

1. 服务台的无障碍设计

城市环境中的售票、问询、出纳、寄存、商业服务等柜台既要能与

坐轮椅者正面接触，又要尺度适合，一般柜台桌面高度控制在65厘米左右。公用服务台板下部应预留相应的空间，大致45厘米，并可将操作面略微向前倾，方便使用或观看，台板靠人体外部还可处理成半圆或弧形，保护人体不受伤害（图3-81）。

2. 卫生设施的无障碍设计

公共卫生间是残障人士事故多发区域，也是残障人士隐私最应该得到尊重的空间体现。公共卫生间内设置残障人士和能力丧失者的专用厕位时，应设置在空间终端或单独设置，方便寻找。专用厕位应考虑陪同者的协助、轮椅回转空间和各种抓握设施，如墙上的扶手，顶棚悬吊的抓握器。公共浴室中应设有淋浴坐凳、盆浴提升器、手推冲水开关等。地面应使用防滑材料。

公共卫生间内残障人士厕位应留有1.5米×1.5米轮椅回转面积；厕位的门应可向内外双向开启，门上应设置高度为90厘米的水平关门拉手，门扇打开后净宽不应小于90厘米，并保留不小于1.2米×1.8米的间隔；坐便器高度应为45厘米，与轮椅坐高保持一致，男厕内小便器的下口高度不应超过50厘米，并在两侧和上部设置安全抓杆；洗手盆的前方留出1米×1米的轮椅使用面积，厕所门口应铺设残障人士通道或坡道，坡度不应大于1/12，宽度为1.2米。在厕位还应安置应急呼叫按钮并考虑其设置高度（图3-82）。

图3-81　香港沙角商场无障碍服务台

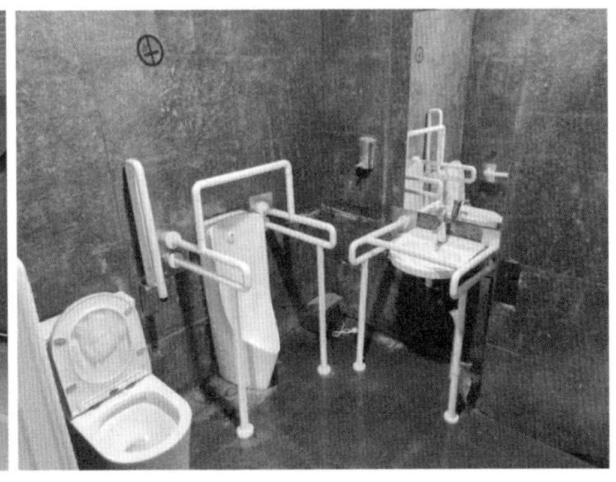
图3-82　中国湿地博物馆无障碍卫生间

3. 休闲设施的无障碍设计

关注行动能力低下者的出行、娱乐、生活方式是无障碍设施设计的宗旨。如方便视障人士的过街音响，方便残障人士过街的缘石坡道，方便通行的过街天桥，公共座椅旁预留出的坐轮椅者的休息空间，以及可各取所需的饮水器等都是环境中休闲设施的无障碍设计（图3-83）。国内外很多城市还为残障人士设立了康复中心、活动中心、运动中心等，如泰国Ramathibodi治疗花园，设计了沙石路用于平衡康复治疗步行练习还设置有盲文扶手，修建了盲道，设有适合病残人士使用的扶杆、憩亭、厕所等无障碍设施（图3-84和图3-85）。它在向社会展示园林建筑文明与进步的同时，也为残障人士开辟了一片精神需求的广阔天地，是值得推荐的典型范例。

3-83

3-84

3-85

图3-83　日本市民森林公园无障碍饮水器
图3-84　Ramathibodi治疗花园（一）（设计：LANDPROCESS）
图3-85　Ramathibodi治疗花园（二）（设计：LANDPROCESS）

4. 娱乐设施的无障碍设计

能力未成熟的儿童是进行无障碍设计时应考虑的重要人群。据欧盟国家统计，每年在室外致死的儿童多达2万人，另有3万儿童终生致残，造成事故的原因是被室外的设施、电器、玩具等绊倒或碰撞，因此在儿童娱乐设施的功能安全和操作安全方面应予以极大的重视。

5. 国际通用无障碍标识

凡符合无障碍标准的空间环境设施，能完好地为残障人士服务，并易于残障人士识别的，都应在显著位置安装国际通用的无障碍标志牌。

悬挂醒目的无障碍轮椅标识，一是使使用者一目了然，二是告知无关人员不要随意占用。标识是为残障人士指引可通行的方向和提供专用空间及可使用的有关设施而制定的。如城市道路、广场、公园、旅游点、停车场、室外通道、坡道、出入口、电梯、电话、洗手间等。

国际通用的无障碍标识牌为白底黑图或黑底白图的轮椅标识，轮椅的方向即所指方向。尺寸为（10厘米×10厘米）~（40厘米×40厘米），其大小应与空间大小及观看的距离相匹配。2012年9月1日开始实施由中华人民共和国住房和城乡建设部、中华人民共和国国家质量监督检验检疫局联合发布的《无障碍设计规范》，其中对标识设计有明确的相关规定与标准。

规范中要求无障碍标识应符合下列规定：

① 通用的无障碍标识应符合图3-86的规定；

② 无障碍设施标识牌符合图3-87的规定；

③ 带指示方向的无障碍设施标识牌符合图3-88的规定。

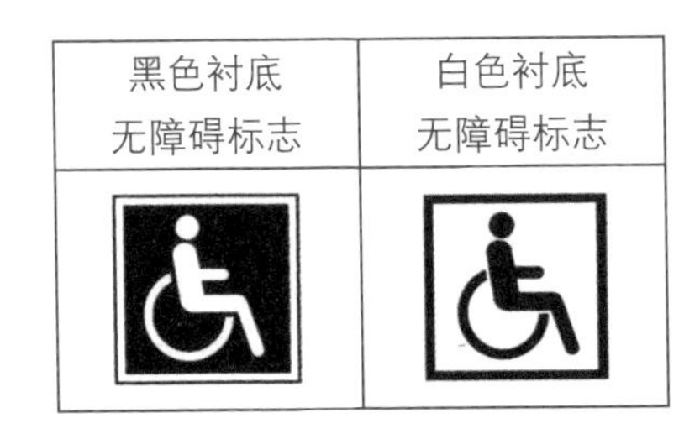

图3-86 通用的无障碍标识

用于指示的无障碍设施名称	标志牌的具体形式	用于指示的无障碍设施名称	标志牌的具体形式	用于指示的无障碍设施名称	标志牌的具体形式	用于指示的无障碍设施名称	标志牌的具体形式
低位电话		无障碍通道		听觉障碍者使用的设施		肢体障碍者使用的设施	
无障碍机动车停车位		无障碍电梯		供导盲犬使用的设施		无障碍厕所	
轮椅坡道		无障碍客房		视觉障碍者使用的设施		—	—

图3-87 无障碍设施标识牌

用于指示方向的无障碍设施标志牌的名称	用于指示方向的无障碍设施标志牌的具体形式	用于指示方向的无障碍设施标志牌的名称	用于指示方向的无障碍设施标志牌的具体形式
无障碍坡道指示标志	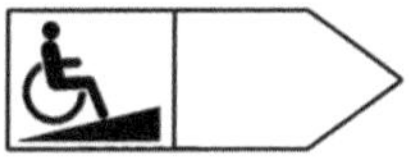	无障碍厕所指示标志	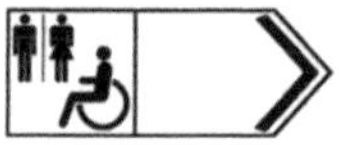
人行横道指示标志		无障碍设施指示标志	
人行地道指示标志		无障碍客房指示标志	
人行天桥指示标志		低位电话指示标志	

图3-88 带指示方向的无障碍设施标识牌

（二）交通设施的无障碍设计

1. 城市道路的无障碍设施设计

城市道路实施无障碍的范围是人行道、过街天桥与过街地道、桥梁、隧道、立体交叉的人行道、人行道口等。无障碍内容是：设有路缘石（马路牙子）的人行道，在各种路口应设缘石坡道；城市中心区、政府机关地段、商业街及交通建筑等重点地段应设盲道，公交候车站地段应设提示盲道；城市中心区、商业区、居住区及主要公共建筑设置的人行天桥和人行地道应设符合轮椅通行的轮椅坡道或电梯，坡道和台阶的两侧应设扶手，上口和下口及桥下防护区应设提示盲道；桥梁、隧道入口的人行道应设缘石坡道，桥梁、隧道的人行道应设盲道；立体交叉的人行道口应设缘石坡道，立体交叉的人行道应设盲道。

道路的无障碍通行是连接各个空间的动脉，其中的无障碍设施要尽可能齐全，否则将对行动能力低下者的出行产生极大的影响（图3-89）。

道路的无障碍设计应符合以下基本要求。

① 人行道宽度应设计合理，由于电线杆、广告牌的设置，为了确保轮椅的正常通过，人行道净宽不低于2米，尽可能保证两辆轮椅通行。

② 在十字路口、街道路口应构筑不同形式的缘石坡道，缘石坡道表面应选用粗糙的石面，寒冷地区还应考虑防滑（图3-90）。

③ 人行道的纵断面坡道应小于20度，如果大于这一坡度则应控制其长度，并增加地面防滑措施。

④ 在人行道中部应设计盲道，采用不同的微微凸起的地面铺装表示行进盲道和提示盲道，引导盲人行走。盲道由条形引导砖铺设，引导

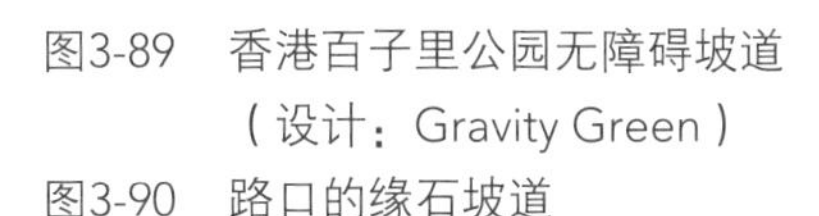

图3-89　香港百子里公园无障碍坡道（设计：Gravity Green）

图3-90　路口的缘石坡道

盲人放心前行；提示盲道是带有圆点的提示砖，提示盲人前面有障碍，应该转弯（图3-91）。

⑤ 在人行道坡道处或红绿灯交通信号下应设置盲人专用按钮、电磁性音响（蜂鸣器）和语音播报装置（盲人钟）。

⑥ 人行天桥和地下通道台阶高度不得大于15厘米，宽度不小于30厘米，每个梯道的台阶数不大于18级，梯道之间应设置宽度不小于1.5m的平台，其两侧应安装扶手并易于抓握。

⑦ 建筑出入口，应设置供残障人士使用的坡道，坡道宽度约1.35米，出入口应留有长约1.5米、宽1.5米的空间供轮椅回转，门开启后应留有不小于1.2米的轮椅通行净距离，门开启的净宽不小于0.8米，不可使用旋转门、弹簧门等不利于残障人士使用的设施（图3-92）。

2. 楼梯、走道设施设计

楼梯是垂直通行空间的重要设施，楼梯高度不得大于15厘米，梯段高度在1.8米以下较为适宜，超过的话应设计中间休息平台。对于楼梯踏步，3步以上需设两侧扶手，高度为85～90厘米，扶手要保持连贯，在起点和中点处要水平延伸30厘米，宽度大于3米时，需加设中间扶手。此外，梯步应选择防滑材料并在外边沿设计踢板或防滑条。

图3-91　行进盲道与提示盲道
图3-92　比利时Harelbeke市政厅入口坡道

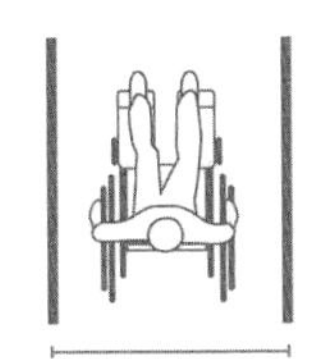

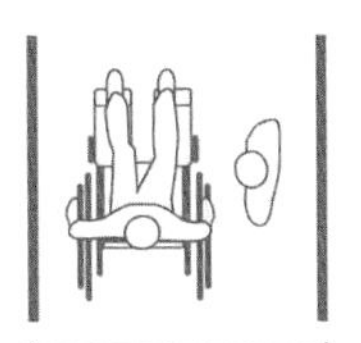

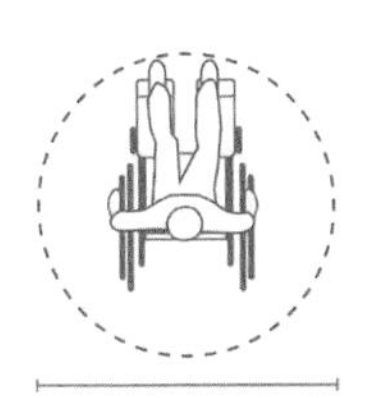

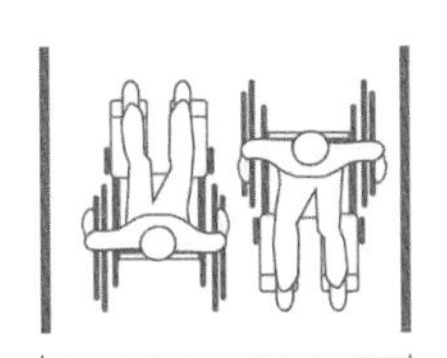

图3-93　无障碍走道宽度（设计：GVL怡境国际设计）

走道宽度视人流情况而定，一般内部公共空间走道宽为1.35米、1.8米、2.1米不等，室外公共空间走道会更宽一些，以保证两辆轮椅并行的宽度（图3-93）。国外的无障碍走道地面铺设特殊肌理的材料，可为视障人士导向。楼梯、电梯、转角等处设护条。西方发达国家的基本做法是，对人行道的交叉转折处、车行道坡度、道路的小处设施、绿化、排水口、标牌、灯柱等都做出妥善处理，免除无端的凸出形成障碍，以提供最大的安全服务。每条街道和地铁出入口都有专用盲道，由30厘米×30厘米的方砖构成，不同的点状和线状凹凸表面提示盲人前进、转弯、注意等。

3. 出入口及门

出入口及门通常是设在室内外及各室之间衔接的主要部位，由于出入口的位置和使用性质不同，门扇的形式、规格、大小各异，但对肢体残障人士和视觉残障人士来说，门的开启和关闭则是很困难的，容易发生碰撞。适用于残障人士的门在顺序上应该是：自动门、推拉门、折叠门、平开门等。出入口内外留有不小于1.5米×1.5米的回旋空间，门开后的净宽不应小于80厘米，门扇中部应设置观察玻璃，以免发生碰撞。供残障人士使用的出入口及门应在旁边安装国际无障碍标识和盲文说明牌，还应设置盲道和盲道提示标识，方便视觉残障人士的通行。

4. 电梯和自动扶梯

无障碍电梯应满足不同人群的需要，在规格和设施设备上均有所要求，如电梯门的宽度、关门的速度、电梯厢的面积，在内部安装扶手、镜子、低位选层按钮、盲文按钮及报层音响等，并应在显眼位置安装国际无障碍通用标识。厢体面积不应低于1300厘米×1800厘米，这个标准也只能满足轮椅正面进入倒退而出，在可能的情况下，无障碍电梯应该有更大的空间。电梯厅的呼叫按钮高度为1米左右，显示电梯运行层数的屏幕规格不应小于50毫米×50毫米，方便弱视者了解电梯运行情况，电梯厢正面扶手上方应安装镜子，方便坐轮椅者为退出轿厢做准备。在公共建筑例如地铁、火车站、酒店等的出入口处还应设计自动升降台（图3-94）。

5. 交通工具无障碍设施

交通工具出行可满足残障人士对外交往的需求，例如公共汽车和地铁车厢内应设置轮椅专用席位，公共汽车入口应设置可升降的平台，站台与车厢地面最好不产生高差，地铁拉环的高度也应考虑残障人士的使用，飞机舱内应考虑残障人士能通过的通道宽度和卫生间面积，快速公交、地铁、轻轨等有空间高差的交通设施应设计无障碍电梯（图3-95）。

6. 停车场无障碍设施

停车场应设计残障人士专用车位，应尽量靠近建筑入口，有可能的话应与外通道相连并辅以遮雨设施（图3-96）。

图3-94　悉尼曼利海滩塞贝尔酒店入口升降台（设计：In Design International）

图3-95　公交车无障碍设施

图3-96　太仓残疾人停车位

二、国际无障碍设计的标准

一个城市建立起全方位的无障碍环境，不仅是满足残障人士、老年人等弱势群体的要求和受益全社会的举措，也是一个城市及社会文明进步的展示。为公众服务的空间，无论规模大小，其设计内容、使用功能与配套设施应符合乘轮椅者、拄拐者、视障者、老年人、推婴儿车者、携带行李者在通行和使用上的需求。主要在建筑出入口、水平通道、垂直交通、洗手间、服务台亭、电话亭、观众席、停车车位、室外通道、人行道、过街天桥、过街地道等位置进行专门设计。

仅以占人口多数的健康成年人为对象进行的环境设施设计是不全面和不公平的，应将全体公民都能利用作为设计的标准。无障碍设施不但能衡量整个国家的整体物质发展水平，还体现了国家精神文明和人文关怀的程度。人类有五大需求，即生理需求、安全需求、社交需求、尊重需求和自我实现的需求。弱势人群作为公民的组成部分也应得到需求的满足，随着老龄化社会的到来，城市规划建设应使残障人士和老年人更多地享受平等的权利和生活情趣。环境中无障碍公共设施的设计涉及交通、卫生、信息等生活的各个方面，它体现了社会对这一群体的重视和关爱。

国际通用的无障碍设计标准大致有6个方面：

① 在一切公共建筑的入口处设置取代台阶的坡道，其坡度应不大于1/12，如条件允许，最好设无障碍入口；

② 在盲人经常出入处设置盲道，在十字路口设置利于盲人辨向的音响设施；

③ 门的净空廊宽度要在0.8米以上，采用旋转门的需另设残障人士入口；

④ 所有建筑物走廊的净空宽度应在1.3米以上；

⑤ 公共卫生间应设有带扶手的坐式便器，门隔断应做成外开式或推拉式，以保证内部空间便于轮椅进入；

⑥ 电梯的入口净宽均应在0.8米以上。

本章思考及习题

1. 城市公用系统设施包括哪些内容?
2. 设计垃圾桶时应满足哪些设计要求?
3. 设计儿童活动的游乐设施时应关注哪些方面的内容?
4. 城市环境中的景观设施包含哪些内容?
5. 简述城市照明设计的要点。
6. 城市道路的无障碍设施设计包含哪些内容?
7. 简述国际通用的无障碍设计标准。
8. 对周边城市环境中的设施做详细调研,包括种类、数量、造型、尺度、色彩、材料等相关数据,总结并提出缺陷和需要改进的提议。

第四章

城市环境设施与人的活动

设施如果不与人的行为发生关系，便不具备任何实际意义。无论是视觉、触觉、嗅觉、听觉都应使人感受到空间的舒适，城市环境设施的设计建立在提供宜人的使用方式和便捷的生活方式上，人在环境中的行为活动是环境设施设计的依据，环境与行为结合构成了为人所使用的场所。

作为城市中的环境设施设计，需要考虑设施与人的关系，如城市道路两旁是否适宜安置设施，适宜安置哪些设施，是否与人的行为活动达到良好的亲和关系，空间距离适合安置多大尺度的设施，无一不是设施与人的关系。当人们能够在沿街的商店、酒吧、咖啡厅外拥有较为自由的休息娱乐、餐饮交往和观赏街景的空间，能够在路边的绿篱、座椅边自由地停留与交谈时，不仅丰富了人们的城市生活，繁荣了城市的商业经济，同时还营造了轻松、平等、亲切的街道文化氛围。由studiodwg设计的口袋公园位于美国得克萨斯州奥斯汀的国会大道823号，该案例就是通过植物种植床和座椅的设计，将典型的市区角落变成了带有地标性要素的活力休闲空间（图4-1）。在广场空间中，也应该根据周边人口数量、所在地理位置、人的文化习惯及周边建筑环境进行环境设施的设计，盲目追求尺度宏大和项目排场是不能吸引更多人停留的。广场的价值在于对城市空间的节点塑造和对公众的吸引，人们在这个空间中能感觉舒适并流连忘返，假如偌大的广场不能提供防晒遮阴、休息交往的功能，不能给人们的室外生活增添快乐，最终也只是毫无生气。因此在广场的适当位置应充分考虑卫生与休息服务设施的布局，以创造亲和性的大众广场（图4-2）。

图4-1　奥斯汀国会大道共享街区（设计：studiodwg）

图4-2　东山少爷广场设施（设计：哲迳建筑师事务所）

人在城市环境的各个空间、场所中的行为呈现复杂性，既有不定性也有随机性，既有共性又有个性。因此研究城市环境空间中人的行为特征是城市环境设施设计的必要条件。

第一节
城市环境空间尺度与人体工程学

城市环境空间尺度与人体工程学都是环境设施设计的基础研究依据，环境空间尺度主要研究空间的尺度与大小，如小空间应设计尺度相对较小的公共设施，而大空间中的设施尺度应相对较大，造型也可较复杂；人体工程学主要研究环境设施尺寸与人体的关系，如公共座椅的坐高大致尺寸为45厘米，这是具有共性的一个参数。

一、城市环境空间尺度

城市空间环境是由建筑与建筑、界面与界面围和而成的空间，其大小由周边的实体位置决定。设计师可根据该空间的人流量来规划设计，如在人流量较多的小空间，可设计体量较小、造型简约的公共设施，并且应避开通道等狭窄的位置，营造空间简洁的感觉；如果空间较大且人流量较小，则可考虑设计体量稍大、形式较为复杂的公共设施，既丰富空间层次，又可吸引人的关注与参与。

城市公共空间环境包括街道、广场、滨水、公园、游乐园等空间形态，可以根据其位置、大小等将其归纳为点状、线状和面状空间。在不同的城市空间形态中，遵循“大空间多设施，小空间简设施”的原则，根据场地功能与形状进行环境设施的配置和设计。

（一）点状城市空间

点状的城市空间一般指面积不太大的公共空间，例如街头绿地、口袋公园、小中庭等。这类空间的特点是活动方式不复杂、空间层次较为单一，因此在进行设施配置与设计时应注意尺寸适宜，比例适度，满足空间内基本的功能需求，例如休息、交谈、观景、散步等（图4-3）。

（二）线状城市空间

线状城市空间指空间形态呈线状分布，可通过单侧或对列的方式设置环境设施，例如滨水、街道等。这类空间大多具有交通功能，其中包括人、车交通，如何通过环境设施有效服务空间是研究的重点。环境中的各项设施可以根据场地条件结合设计，例如澳大利亚格伦罗伊Morgan Court街道，设计中包含了一些简单却大胆的设施，如与照明结合的座椅提升空间稳定感、用弯曲的混凝土台阶坐具增强了街道的流动感，以促进展览、表演和艺术活动的不断更新，鼓励人们在Morgan Court中漫步，度过美好的时光，同时也为一些娱乐活动提供机会，吸引更多人前来参观游玩（图4-4和图4-5）。

图4-3　华盛顿特区M公寓庭院会发光的红白坐凳（设计：Landworks Studio）

图4-4　Morgan Court街道设施（设计：Enlocus）

图4-5　Morgan Court街道曲线混凝土（设计：Enlocus）

（三）面状城市空间

面状城市空间是指空间体量较大、活动方式多样的公共空间，例如广场、公园、游乐园等。这类空间具有人流较为聚集、活动方式多样等特点，在设计这类环境中的设施时应详细调研使用人群、使用方式、活动方式等，并根据不同的开放空间的大小和功能需求设计不同繁简程度的设施，提出有针对性的环境设施设计的方案。美国铁路公园的ross barney architects设计团队通过收集1000多个线上及线下调查，确定了社区成员对公园的预期和目标，通过丰富多样的游乐设施、亲近宜人的遮阴休息设施、动感的骑行广场等共同营造了一个“吸引人的、难忘的、挑战性的、美丽的以及真实的”城市环境（图4-6）。

图4-6　美国铁路公园游乐设施（设计：ross barney architects）

二、人体工程学与环境设施

根据设施与人体的关系，可把城市环境设施分为人体间接设施和接触类设施两种。间接设施是指与人体无直接接触或接触时间较短的设施，如候车亭、垃圾桶、自行车停放架、自动售货机等；接触类设施是指和人体有直接接触或接触时间较长的设施，如公共座椅、电话亭、厕所、饮水机、娱乐设施等。不管哪种类型的城市环境设施都应该根据人体的尺度和人的生理特征进行设计。

环境设施设计主要是以身高、坐高、动态活动范围作为设计依据，例如公共座椅类的高度以人的坐高为设计依据，为40～45厘米；电话亭的高度以人的身高作为设计依据，大约2米，话机放置高度也是以人的身高作为设计依据；动态活动范围又称近身空间尺度，人体操作空间以此为设计依据。总之，环境设施应根据人体测量数据进行设计。

重庆龙湖颐年公寓康复花园
（设计：GVL怡境国际设计集团＋张玲博士）

重庆龙湖颐年公寓康复花园是一个主要为老人以及伤残人士服务的城市公共空间，设计理念是营造一个充满“善意”的适老活动空间。在这种设计前提下，环境设施的尺度就有更为严格的要求，因为它们是直接或间接为人服务的媒介，友好的尺度更能提升弱势人群在环境中的幸福感。为此，设计团队专门参考了国内外对老年群体的生理及心理特征的论述，研究了不同年龄阶段、不同健康程度老人的生理、心理特点，并依据老年人体工程学、养老设施专项规范，对相应设计细节进行了斟酌考量。例如老年人在70岁时身高会比年轻时降低2.5%～3.0%，女性的缩减有时最大可达6%，因此，一些辅助设施如扶手、座椅等构筑的设置，相对常用尺寸应有一定比例的调整，扶手设计了两种高度，满足不同身高的需求（图4-7）；在设计道路宽度时，除考虑步行外，还应充分考虑老年人使用辅助器械（如轮椅、助走器）时的最适转弯半径及停顿间隔等；设计种植池时，考虑到让坐轮椅者能更好地与植物接触，在种植池下预留轮椅的空间，双层的种植池还可鼓励坐轮椅的老人起身锻炼身体（图4-8和图4-9）。

4-7

4-8

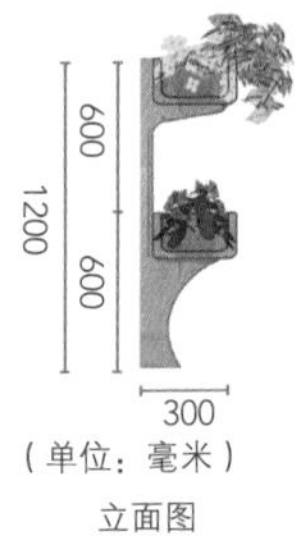

4-9

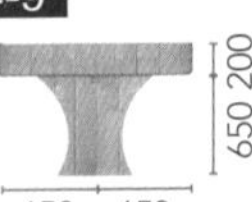

（单位：毫米）
（a）立面图

（b）效果图

图4-7 花园中满足老人人体尺度的各项设施
图4-8 双层花池设计
图4-9 适合坐轮椅老人的种植池设计

第二节
城市环境设施与人的行为活动

人的行为活动是指人在环境中的动作行为，它与空间环境质量、设施设计优劣具有直接的关系。环境设施如果不与人的行为发生关系，便不具备任何实际的意义；人的行为若是没有空间环境作背景，没有一定的氛围条件也不可能产生。空间、设施和行为共同构成了人使用和活动的场所（表4-1）。

人对设施的要求包含两个层面：一是适应性，环境舒适，功能完备，城市环境设施都能发挥其使用功能，这是设施设计的本质体现；二是美感体验，即构成城市环境设施的造型、色彩、空间、材料、位置、肌理等种种艺术语言形成的审美情趣。城市环境设施的造型一般比较直观，可令人直接做出反应，同时它与周边环境的结合所创造的环境气氛、环境情调等，却能唤起人们强烈的心理反应，成为人们不可缺少的“城市家具”。

表4-1　城市环境设施与人的行为活动

行为	动作	涉及的城市环境设施
行走	穿行、散步、边走边聊	止路设施、导视、照明、无障碍通道、护栏、扶手、公共卫生间等
站立	观看、谈话、抽烟、等车、打电话、买东西	止路设施、售货亭、候车亭、烟灰缸、导视等
坐	观看、聆听、吃东西、抽烟、晒太阳、阅读、聊天	座椅、廊架、亭、桌子、垃圾桶、烟灰缸、饮水器、公共卫生间、种植池、照明等
游戏	跑、跳、爬、坐、等待等	儿童游乐设施、青少年游乐设施、老年休闲设施、座椅、种植池、垃圾桶、照明、饮水器、公共卫生间等

在城市环境中，好的设施能引导和制约人的行为，有时也能看到设施遭到不同程度的破坏或城市环境中的设施并未起到相应的作用，除了使用人员的素质外，不可排除的还有设施设计不够科学合理的因素。例如在人流量大的场所，垃圾桶的设计数量和体量的不足，会导致垃圾乱丢的情况发生；在交通繁忙的马路中间设置太长的护栏，虽保证了车辆通行，但行人穿越极不方便，导致横穿马路、翻越护栏的不安全行为出现。因此，研究设施设计与人的行为活动的关系是为更合理的设计方案打下基础。

第三节
城市环境设施与人的心理活动

一、人的需求层次

人的心理行为是人们对环境的认知与理解，环境心理学与城市环境设施的设计有着密切的关系。不同的环境空间都须满足人们寻求各种体验的内心需求，借鉴心理学家马斯洛在《动机与人格》中提出“需求层次论”，马斯洛的需求层次结构是心理学中的激励理论，包括人类需求的五级模型，通常被描绘成金字塔内的等级。从层次结构的底部向上，需求分别为：生理、安全、社交需要、尊重和自我实现。在城市环境设施设计的过程中，对应五个层次的需求主要表现如下。

① 生理体验：满足视觉、触觉、听觉等感官需求，还包括体能锻炼、休闲娱乐等。

② 心理体验：缓解工作压力，追求宁静、舒适的愉悦感。

③ 社交体验：交往、发展友谊、自我表现等，给人以归属感与认同感。

④ 知识体验：体验历史、文化、认识自然现象，有被尊重的感觉。

⑤ 自我实现的体验：发现自我价值，产生成就感。

人对环境的感受，常常是不经逻辑推理而只凭知觉判断，或者按个性、心理需求而对空间做出回应。感觉空间环境适于休息、逗留、亲切、安全和稳定，当环境设施与经济、社会、文化环境等因素相结合时，人们潜在的各种行为意识得到一定满足时，城市环境设施就与人们的心理反应产生共鸣，得到人们的认同与赞美。

二、城市环境中的行为习性

与特定群体和特定时空相联系的、长期重复出现的行为模式或倾向，经过社会和文化的认同，即成为特定环境中的行为习性。它是人的生物、社会和文化属性（单独或综合）与特定的物质和社会环境长期、持续和稳定的交互作用的结果。人在环境中的行为习性影响着设施设计的造型、色彩、材料和形态等。

（一）人的动作性行为习性

人在环境中的有些行为习性的动作倾向明显，几乎是下意识做出的动作反应，这也许只能归因于动物本能和生态知觉。

1. 抄近路

在目标明确时，只要不存在障碍，人总是倾向于选择最短的路径行进，人与目的地之间基本呈直线形式，这已经成为一种泛文化的习性，属于动物的本能（图4-10）。为了使城市环境更加美好，针对这种行为习性，在环境设施设计时有两种解决方式。

① 不准穿行的捷径应采取有效的隔断措施，设置围栏、矮墙、绿篱、种植池和标志等障碍，使抄近路者不得不迂回绕行。

② 在条件许可时，对穿行频繁的捷径进行改建，增设铺装、路缘石、遮阳设施等，尽量满足人的这一习性，并借以创造更为丰富和多样的建成环境。

2. 转弯倾向

通过追踪人在公园、游园和展厅中的流线，会发现不同地域背景的

图4-10　抄近路现象
[来源：《环境心理学》（第4版）]

图4-11　印度尼西亚Alun-alunKejaksan集会广场靠坐的人群
（设计：SHAU）

人在选择转向时会有不同的转弯倾向，这也许与不同国家的驾驶模式和用手习惯有关系。通过研究发现，美国人更偏好右转，而英国人更偏好左转。通过对地域和文化背景的研究，在环境设施设计的时候通过对导视、标识、护栏等空间限定的物质手段对转弯倾向进行影响。

3. 依靠性

人在城市环境中的停留与活动中，总是偏爱逗留在柱子、树木、旗杆、门廊和矮墙的周围和附近。从空间角度考察，“依靠性”表明：人偏爱有所凭靠的从一个小空间去观察更大的空间。这样的小空间既具有一定的私密性，又可观察到外部空间中更富有公共性的活动。人在其中感到舒适隐蔽，但绝不幽闭恐怖。如果人在占有空间位置时找不到这一类小空间，那么一般会寻找座椅、柱子、树池等依靠物，使之与个人空间相结合，形成一个自身占有和控制的领域（图4-11）。

常常涉及的设施包括：公共座椅、景墙、靠边的种植池、廊架、售货亭、垃圾桶、饮水机、烟灰缸等，在人群聚集的场所充分考虑相应的设施配置。

（二）体验性行为习性

1. 看人也被人看

在城市公共空间中有“人看人”的需要，亚历山大等（1977年）对这类现象评述到：“每一种亚文化都大批需要公共生活中心，在其中人们可以看人也被人看”，“观察行为本身就是对行为的鼓励”，其主要目的在于“共享相互接触带来的有价值的益处”。看人，可以了解流行款式、生活状态和社会现象；通过被人看，希望自身被他人和社会认同。

在看人与被人看的人际关系和城市空间结构中，应该具有一定的距离，不动声色的观察属于人的基本活动能力。与之相关的设施有道路两侧的座椅、广场周边的休闲设施、游乐设施周边的休息设施等（图4-12）。

图4-12　蛇口学校广场上正在看人的小学生（设计：自组空间设计）

2. 围观

围观是古往今来广泛存在的行为习性，促使这类行为大多是人的好奇心理。城市中的围观，其对象常出人意料，一切反常的物品、动作和活动都可能像催化剂一样引发反应。围观既反映了人们对于信息交流和交往的需要，也反映了对复杂刺激，尤其是新奇刺激的偏爱。基于人的这种行为习性，常常在城市环境中可以通过设置景观雕塑、互动装置、电子屏幕等提升环境中的人气，丰富交往的方式（图4-13）。

图4-13　温哥华šxʷƛ̓ənəq Xwtl'e7énḵ广[1]场上围观电影的人群（设计：Hapa Collaborative）

[1]：šxʷƛ̓ənəq Xwtl'e7énḵ广场的名称融合了加拿大的民族语言，意指和解之路。

3. 安静和出神

在城市环境中，人必然会受到各种外部条件的消极影响，非常需要在安静状态中休息和养神。传统城市中存在许多安静的区域，供人休息、散步、交谈或凝思。运用各种城市环境设施，创造有助于安静和凝思的场景，会在一定程度上缓解城市应激，并与富有生气的场景整合，起到相辅相成的作用。

三、人际距离

私密性在人际关系中形成人际距离，即人与人之间所保持的空间距离。人际距离越短，人际间的感情交流就越强。一般将人际间的距离分成以下4种。

① 亲密距离（0～0.45米）：可表达温柔、爱抚和家庭成员间的距离。在家庭居室和私密性很强的空间会出现这样的人际距离。城市环境中常见家庭成员出游、闲坐、晒太阳的亲密无间的距离。

② 个人距离（0.45～1.3米）：亲近的朋友和家庭成员间的距离。如在城市环境中亲近的朋友间聊天、散步等行为。

③ 社会距离（1.3～3.75米）：常见的为非个人的或公务性的接触。如公务谈话的正常距离约为2.45米。

④ 公众距离（大于3.75米）：单向交流的集会、演讲等的人际距离。

以上的人际距离为不同城市环境空间设计和环境设施的布置提供依据。通过对人的心理行为研究，由人际关系延伸而来的是人的领域感，人体的周边就像是有一个隐形的泡泡，对不认识、不熟悉的人自然而然会拉开距离；而对熟悉、亲密的人，隐形的泡泡则会自然融合，形成不方便别人打扰或侵犯的空间。例如选择户外座椅的时候，一个人自然会选择有依靠的且无人的座位，当有人靠近则会觉得自己的领域被侵犯了。在进行环境设施设计的过程中，可以利用有围墙、栏杆、种植池等具体边界，也可能是象征性的、容易被他人识别的边界标志表明使人感知的空间范围。设计中应充分考虑使用设施的人群构成情况，有意识地给不同人际距离的关系提供选择（图4-14）。

图4-14　洛杉矶Platform Park不同的人际距离（设计：Terremoto）

本章思考及习题

1. 简述城市公共空间形态分类。
2. 简述城市环境设施与人的行为活动的关系。
3. 简述人的需求层次。
4. 简述人在城市环境中的行为习性。
5. 选取城市中的某一环境，通过观察、拍照等方式对场所中人的行为做记录，并分析在一天各个时段、各场所中人的行为类型和特征有哪些？并通过饼图、柱状图等分析图分析设施与人的关系。

第五章

城市形象与城市环境设施

城市是人们居住、生活、工作的环境空间，城市规划建设应以人为本，关注不同群体的生理需求和情感需求。研究城市环境设施的背景是“城市”一词，它不仅仅是区别于乡村的人类聚居地，同时也具有独特的风貌，城市环境设施的多样性、艺术化、本土化能充分体现一个城市的魅力。

一片绿茵、几个座椅、一组景观设施就可以营造一个宜人的户外环境，在提供人们生活方便的同时，也让人能够停留赏景、休息、交流。城市环境设施有时间、空间、地域、文化的限制，它们的动态设计在与环境的有机协调中创造了卫生、健康、安全、文明的环境，为发展城市文化、展现城市魅力起着重要的作用。

从一个城市的平面图俯瞰，会发现城市空间除了建筑物呈体块外，户外空间多由“点、线、面”构成。“线”是各种交通线，如街道、绿道、巷子、河滨等；“点”则是户外空间的节点，如小广场、邻里公园、道路交汇处等；而“面”则是城市中的绿地、公园、游园等。“点、线、面”在环境中共同作用，形成宜人的城市户外空间，环境设施则是这些“点、线、面”中丰富空间形态、完善空间功能的重要环境，它们共同为提升城市空间品质、展示城市形象、服务大众起着关键作用。各种设施与城市环境各个区域的关系应该是有机的、积极的、恰当的，体现其使用功能与场所审美功能，使空间呈现出和谐、宜人的空间气质。

第一节
城市形象与城市个性

城市如人，外在的面貌和形象塑造出内在的气质和品格，再历经岁月的积淀和熏陶，这些内在的气质和品格又上升为整个城市的文化个性与特色，于是城市焕发出勃勃生机的个性魅力，表现出丰富多彩、绚烂夺目的美。这些特有的文化气质和品格使城市拥有了与众不同的文化面貌，塑造出独特的文化个性。然而，现今许多城市繁华的街道、市区里，让我们常常产生一种“不知自己身在何处”的错觉。很多城市都是风格相似的建筑、马路，布局雷同的广场，千篇一律的繁华的步行街，以及处处设置栅栏的街道，徒劳攀登的过街天桥，毫无特色的城市雕塑等，“千城一面”成了中国许多城市的通病。

日本建筑大师矶崎新先生游历杭州的时候曾经说：“如果我不是身处西湖湖面之上，那么，今天我眼中看到的杭州，根本就没有什么特别，它只是一个哪里都有的城市。”由此可见，城市个性是多么重要，它是城市精神与城市形象强有力的支撑。

一、城市个性的构成

城市个性是城市环境作为一个整体呈现出来的最为鲜明、最为强烈的城市特色，不外乎来自两个方面：自然和人文。城市中的自然是城市的骨架，它决定了城市的基本格局，应该尊重城市的自然骨架，并且让其彰显出来。武汉的水资源堪称中国城市之翘楚，以此为基底进行城市环境设计，才能呈现出城市的个性之美。重庆是中国的直辖市之一，经济发达，人口众多，可一说到重庆，最深入人心的还是“山城”这一称呼。

城市的人文所涵盖的内容则相当广泛，其中包括历史、文化、社会生活等，城市的人文积淀是城市个性的灵魂所在。城市的人文既有历史的，也有现实的，城市个性是在长时间的历史文化语境中逐渐形成的。例如，苏州文化除了儒雅外还有一些富贵气，而成都文化除了儒雅外还有些乡野气息。苏州多是园林，风格精致清雅；成都多是茶馆，有的则是悠闲洒脱。

城市中的设施是组成城市环境的重要部分，它与环境内的其他因素共同作用形成具有个性的城市风貌和城市气质。深入研究城市的个性与环境设施的关系，可以为城市环境设施的设计提供指导与支持，并且为市民营造真正有归宿感和自豪感的精神家园。

成都“锦里”是位于武侯祠旁侧的一条商业古街，也是武侯祠景区的一部分。传说中“锦里”曾是西蜀历史上古老而具有商业气息的街道之一，早在秦汉、三国时期便闻名全国。现在，“锦里”占地30000余平方米，建筑面积14000余平方米，街道全长550米，以明末清初川西民居作外衣，三国文化与成都民俗作内涵，集旅游购物、休闲娱乐为一体。得到成都市民、外来游客的广泛认可，也成为传递成都传统文化的名片之一。古街结合传统文化和现代人的生活方式设计了非常多参与性较强的活动：定期举行传统婚礼、民乐、戏剧、民间服装秀等民俗表演，并按照中国传统节日举办特色主题活动，如元宵节灯会，端午节吃粽子大赛，七夕情人节主题活动，中秋赏月会等。在这条街上，设计了许多具有成都地方文化的设施，如川西风格的回廊、亭子、景墙、戏台、售货亭、雕塑、灯具、座椅、标识、邮筒、垃圾桶、公共卫生间等，充分展现了三国文化和四川民风民俗的独特魅力，让人在原汁原味的川西民俗文化氛围中去享受最惬意的休闲娱乐方式（图5-1和图5-2）。

图5-1　锦里七夕照明设计

图5-2　锦里脸谱照明景墙

二、城市个性与地域文化

一个城市独具特色的民俗、传统、习惯等文明表现，随着历史的积淀与留存，表征为千差万别的文化特征与文化形态，但这种文化特征与形态在特定的地理区域和空间范围之内具有共同的价值和发展脉络，并形成了文化形态的稳定性和文化认同的一致性，这就是地域文化。唐代释道宣所著《释迦方志》将当时佛教势力所及的亚洲四个主要区域作了分析：雪山以南的印度“地唯暑湿”“俗风燥烈，笃学异术”；雪山以西的西域诸国，“地接西海，偏饶异珍，而轻礼重货”；雪山以北，大漠地区的突厥，“地寒宜马”，“其俗凶暴”；雪山以东的唐帝国，“地唯和畅，俗行仁义”，“安土重迁”。在这里，印度人的笃信宗教，西亚人的重商好贾，漠北人的粗犷尚武，中国人的仁义安和等文化性格特征了了分明，各不相同，而这些特征正是由不同的地域文化所形成所培养的。

不但不同的国家和民族有不同的地域文化，就是同一个国家，也会由各地区不同的民族构成、历史沿革、自然环境等形成千差万别的地域文化特征。尤其是我国这样一个地大物博、多民族融合的大国，南方与北方、汉族与少数民族、东部地区与西部地区，甚至同为南方的岭南地区与江浙地区地域文化的形态和特征又是大相径庭、各具特色。地域文化的不同，人们的思维方式、生活方式、性格特征甚至饮食习惯、民俗活动等，都是千差万别的。在进行环境设施设计的时候，应深入调研城市的地域文化，研发具有地域特色的环境设施，完善城市的视觉形象系统。

墨尔本阿富汗市集文化片区（HASSELL作品）

位于丹德农的阿富汗市集是墨尔本唯一受官方认可的阿富汗片区。该片区是围绕托马斯街自然演变而成的社区中心，其中的业态包括阿富汗人经营的咖啡店、杂货店，以及社会支持服务中心。设计的最终目标：为当地的阿富汗社区打造一处让他们深感自豪的场所，同时吸引参观者及游客来探索这一片具有良好互动属性的文化目的地。HASSELL为托马斯街上的文化片区设计出极具代表性的城市环境设施，整合统一并很好地回应了阿富汗文化。文化片区别具一格的视觉特征，使街道具有更好的互动性及生命力，从而增强社区凝聚力。

阿富汗市集展现了城市空间环境设计的新方向——不囿于传统的片区形象塑造。马扎里沙里夫清真寺（即蓝色清真寺）中精妙绝伦的花砖拼贴是设计主要的灵感来源。设计团队对其的现代诠释为创造出“几何形聚会”的设计手法。街道的两边均使用细节复杂的地面铺装，使用颜色、质感以及图案来划分出主要的聚会地点。抽象的几何形状扩大形成街景元素的排布及形态，在片区的核心区域则通过叠加密集的方式着重描绘。为了增加社区聚集的空间，设计缩窄了车行道，同时增宽人行道，为节庆活动如纳吾热孜节增设新的基础设施。经过改造的灯光、新增的树木、空中电线的移除，将整个片区转型为极具吸引力的聚会场所（图5-3）。

由阿富汗裔澳大利亚艺术家Aslam Akram创造的装置艺术“灯”是当地阿富汗文化的象征，无论是白天还是黑夜都有极高的辨识度。“灯”由两部分组成，底座展现了人类的力量、知识和经验，同时还象征着阿富汗裔澳大利亚人的圣所、历史及记忆。而上半部分则使用了金银细丝工艺制作，代表人类共同创造的成果和澳大利亚多元文化社区间的相互尊重及建立的友谊（图5-4）。

图5-3 具有阿富汗文化元素的城市环境设施

图5-4 Aslam Akram设计的“灯”

第二节 城市意象的物化呈现

一、“城市意象”的定义

凯文·林奇在《城市意象》一书中描述道：城市形态主要表现在五个城市形体环境要素（边界、区域、道路、节点、标志物）之间的互相关系上。空间设计就是安排和组织城市各要素，使之形成能引起观察者更大的视觉兴奋的总体形态。由此可见，城市意象主要通过如上五个方面进行识别和体验，简单来说也就是一个城市的识别性和独特性。

现代城市的发展中，历史文化、传统文化的价值越来越受到人们的关注。人们往往不再满足环境中充满现代气息的建筑和空间，糅合了传统文化和人文精髓的环境更容易得到人的认可及青睐。人们常常会对一个城市的历史、文化、宗教、民俗等留有深刻的印象，例如北京的故宫、胡同；上海的外滩、弄堂；重庆的山地、台阶、桥梁等都是很有识别性的城市意象。城市环境设施作为城市中直接与人接触的物品是对城市意象的有力阐释，它也是展现城市形象的有力载体。

随着城市的快速发展，很多传统的、地域性的街道体系逐渐消失，如北京的胡同从2000年开始被拆毁的不下千个，而胡同是四合院的“根”，导致北京城很多地方丧失了古都的韵味，城市的识别性和亲和性也在迅速减弱。城市形象的识别是一个复杂的系统，道路、建筑、环境设施，包括其造型、材料、色彩、风格、标识、象征等，都是作为识别系统的载体加以传递，有组织、有计划地在城市意象的指导下改善呈现的方式，无疑是一种有效的保护传统文化、展现城市形象的方式。

二、城市意象的物化

国外许多发达的城市，虽然也极尽现代与繁华，但是许多街区仍然散发着甘厚浓郁的古老气息，从城市老建筑的保护与装饰，到景观雕塑，再到环境设施的细节设计，以至于花草树木都极具秩序与美感，散发着该有的气韵。城市在历史的发展中将社会积淀形成的意象变为人们头脑中的记忆，成为可看、可触摸的符号，这也是城市意象的物化。城市环境设施的材质、质感、色彩的选择，结构、形态、比例的推敲，从外观形态到每一处细节的处理，都既能与厚重的历史相呼应，又能适应现代文化与生活的需求。城市的每一个角落都充满文化的韵味，并对这些设施进行精心的维护与设计，不断创造精致、和谐、高品位的环境。

那如何有效地对城市意象进行物化呢？一般来说需要如下三个要素：一是内在起决定作用的城市文化；二是由文化所支配的行为方式；三是由文化和行为共同构成的城市形象。

何谓城市文化？它是城市在漫长的发展过程中形成的历史遗存、文化形态、民风民俗、生产生活方式等。而符号则是传播信息的视觉表达方式，城市中的一景一物都在诉说它的前世今生，文脉为城市形象提供了语境，设计师将其转化为设计符号，进而通过大众认知，形成产品语意。城市环境设施的产品语意狭义来讲，是造型与功能结构的关系，深入来讲，是造型与内涵意义的关系，更确切地说，是设施与人、环境和文化背景之间的对话及联系。因此，研究城市文化有助于城市环境设施有效地传达城市意象，树立鲜明的城市形象，增强大众对城市的环境体验和情境认同。

昆山花意街巷更新设计

（设计：上海亦境建筑景观有限公司）

江苏昆山素有“上海后花园”之称。本项目位于昆山老城区的“致和塘”南岸。周边尚存街巷里弄、文人旧宅及私家园林等历史文化资源，历史底蕴深厚。这里的小桥流水人家承载了老昆山人最深刻的记忆，浓缩了昆山这座城市的精华。该设计还原水韵昆山记忆，塑造有爱街道、魅力街巷。

该项目提出了“昆韵致塘·花艺街巷”五个特色主题，分别是：东门-印象、昆韵-记忆、接秀-山房、洞天-云照、梧竹-幽处（图5-5）。

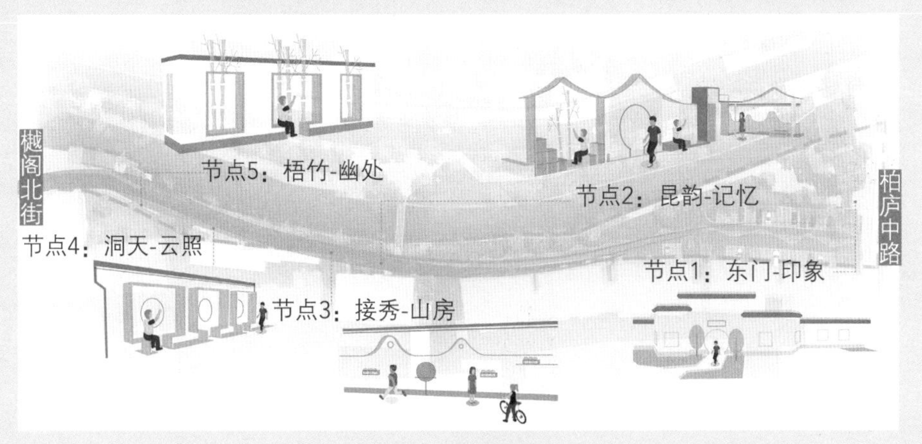

图5-5 “昆韵致塘·花艺街巷”特色主题（设计：上海亦境建筑景观有限公司）

“东门-印象”打破原先平直单调的围墙墙面，入口以半亭月洞门作为连接城市界面与居住区，围墙汲取中国传统园林的砖细漏窗景墙，隔离城市纷扰的同时彰显了致塘河的文化底蕴特色（图5-6）。

“昆韵-记忆”选取徽派民居飘逸轻灵的建筑线条和昆曲中脸谱的形象，设计了景墙、照明、公共座椅等设施，以唤起昆山人的集体记忆（图5-7）。

图5-6 “东门-印象”的月洞门围墙

图5-7 “昆韵-记忆”的休息亭

图5-8　“接秀-山房”的景墙
图5-9　“洞天-云照”的公共座椅
图5-10　“梧竹-幽处”的镂空观景景墙

“接秀-山房”融合致河塘的江南文化气质，南岸生活主题墙饰结合绿植，营造连续的兼具传统记忆与自然花意的城市街道（图5-8）。

“洞天-云照”同样围绕白色围墙为基础，结合昆曲文化特色，依靠围墙为居民创造了可停留、可休憩、可观河的场景（图5-9）。

“梧竹-幽处”镂空景墙搭配文人墨客笔下意境深远的竹子作为场所的主题植物，停留其间感受到仿佛置身于悠然竹林间的“时有微凉不是风”（图5-10）。

第三节
城市环境的“公共意识”

城市环境是除个人居住外的空间环境，范围非常广泛，城市环境的设施具有公用性，使用空间和设施的人群具有不定性。为了营造良好的城市空间环境，环境设施不仅需要有很好的设计满足人的需求，体现文化价值取向，还需要各个部门的有效管理，提高人们艺术与道德修养，强化人们的公共意识。城市环境设施的丰富性、多样性为人提供舒适、便捷的生活，为城市增添人性化的亲和力。

城市环境的公共意识应是多方面的体现，不同民族、不同信仰、不同阶层及不同年龄的人在同一环境中的行为方式各有不同，这与人对环境的知觉、认识及价值观有关系。设施作为城市环境中的物品，是人们可使用、可接触的，它不是完全独立的设施，而是依附于公众的行为，吸引人们的参与和体验是城市环境设施存在的最终目的，它是一种生活的艺术体现。城市环境设施设计主要需要实现使用与欣赏，它是为公众而设计的，是将某种艺术观念转化为公众的审美情趣，将大多数人喜欢的形式融入城市环境设施的设计中，突显其公共意识。

我国由于人口基数太大，教育背景参差不齐，过去对于人文教育和公共意识的培养非常欠缺。人们的环境意识随着城市发展在不断觉醒，城市环境也在不断改善。设施在环境中能起到道德启示的作用，优美的环境中如果有不文明的行为发生，则会遭到很多人的批评。如今，爱护城市环境、保护自然生态已成为大多数人的自觉行为，公众间的相互监督得到加强，这无疑推动了公众的公共意识的形成。城市设施的艺术化设计实现了“寓教于乐”的功能，当它们与特定环境形成和谐美好的关系时，更能激发人们爱护环境的公共意识，加强了城市环境设施文化内涵的公益性。

第四节
城市环境设施的设计与管理

随着城市现代化进程加快，我国在城市环境设施的设计上引进了不少西方的设计模式，但是，我们应遵循这样一个要求，城市环境设施须适应本国、本民族、本地区的地域特点和使用习惯，因地制宜、因人制宜，避免照搬带来的不良后果。环境的保护与改造除了调动公众对环境设施的参与和关注外，还需要政府管理部门的统一认识，加强规划与协作，使城市设施系统能逐渐完善起来。城市环境设施的规划不应造成对原有人文景观的破坏，或者盲目追求高、精、尖，使城市环境设施成为缺乏个性的产品，关注设施的共性与个性是设计的前提。

本章思考及习题

1. 什么是城市个性？它的构成要素是什么？
2. 城市意象的五个环境要素是什么？
3. 何为城市文化？
4. 通过图表分析的方式对你所在的城市做尽可能详尽的文化背景调研。

第六章

城市环境设施的创新设计

第一节
城市环境设施景观化

传统的公共设施一般以单体的形式呈现，例如一个垃圾桶、一个公共座椅、一个路灯，各设施之间相互独立，无内在联系。随着城市发展和设计理念的进步，人们逐渐认识到设施是存在于环境中的产品，城市环境是设施存在的背景，它们不应是孤立存在的，也不应该相互雷同。城市环境中的设施应呈系统性，既统一又具有个性。同时，从城市景观设计的角度进行设施设计研究，将城市环境中的设施作为城市景观的一部分看待，充分挖掘城市文化和城市内涵，使设施具有明确突出的城市风格。如天府广场的各类设施则是以成都独一无二的金沙文化为母体进行的设计，具有明确的指向性和地域性（图6-1 ~ 图6-3）。根据环境特征统一规划设计区域内的各项设施，使其形成统一的信息传达和视觉传达方式，使环境内的设施既相互独立又相互联系，可为空间特征的展示起到重要的作用，塑造统一的城市视觉形象。

图6-1　天府广场金沙文化青铜灯具
图6-2　天府广场金沙文化母体的止路设施
图6-3　天府广场金沙文化母体的护栏

第二节
基于生态、持续与发展的城市环境设施创新设计

一、生态设计的概念

在新的时代背景下，城市环境设施被赋予了新的设计内涵，首先是生态设计。城市环境设施应有利于保护生态环境，不产生污染或使污染最小化，同时有利于节约资源与能源，这一特点应贯穿城市环境设施生命周期全程。传统的公共设施设计的生命周期只包括从环境中选择原材料，加工成产品，给使用者使用，而生态设计除此之外还包括对城市环境设施的维护、服务阶段和废弃淘汰品的回收、重复利用及处置等，这样就将城市环境设施的生命周期从“设计使用”延长到“设计再生”，从设计之初就防止污染、节省资源。生态设计是在设施的生命周期中重点考虑产品的环境属性，如可拆卸性、可回收性、低污染性、可维护性、可重复利用性等，在满足环境要求的同时，保证产品应有的功能、使用寿命、质量等的一种设计理念。

二、为人类的利益而设计

这里说人类的利益，不仅指当下的各个社会阶层、各个群体，还包括我们的子孙后代。伦理学家约那斯说：“人类不仅要对自己负责，对周围的人负责，还要对子孙后代负责；不仅要对人负责，还要对自然界负责，对其他生物负责，对地球负责。”

人对城市环境设施的要求主要可以从以下三个方面来分析。

1. 安全健康要求

安全健康属性是为人的利益而设计的基本要求，不单纯追求利润，不偷工减料，导致城市环境设施环保性能差，工艺落后，甲醛、重金属超标，承重构件断裂等对人造成的安全健康的伤害。

2. 高效要求

高效是根据人体工学的设计原则，达到人-设施-环境三位一体的和谐统一。好的城市环境设施力求使用时符合人的机能特征，减少体力虚

耗；同时城市环境设施的多功能、多变化、可拆装、可折叠、可移动都是高效的体现。此外，高效的属性还应建立在环境设施的区别分类标准基础之上，如儿童类、老人类、学校类、商业类、医疗类、特殊人群类等，环境设施针对不同群体的分类设计可提高产品的使用率。

3. 舒适要求

舒适不但是对人生理功能的满足，更重要的是对人的心理需求的满足与关照。如公共座椅既要讲究坐垫与靠背的舒适性，又要能够体现民族、时代、地域文化。具有个性、美观整洁、结构合理、色彩宜人的设施会令人觉得赏心悦目，所处的环境也倍增温馨宁静、舒适惬意；反之则会引起人视觉反感，心情烦躁。

三、简朴生活的理念

简朴生活是以提高生活质量的适度消费方式，它是反对奢华、反对浪费、反对漠视资源的行为。在经历了工业社会的浮华与喧嚣之后，面对资源枯竭、生态恶化的事实，朴实安详、宁静惬意的生活方式越来越得到更多人的认可并向往。尊重这种朴素的思想，以获得基本满足为标准，以提高生活质量和生活情趣为目的，进行简约的城市环境设施设计，摒弃浮华与多余的装饰，营造健康和谐、悠闲自然的室外公共环境。

四、可持续发展的理念

可持续发展研究是城市环境设施设计甚至各个领域所关注的重大课题。城市发展过快，人的生存空间不断扩大，城市环境作为人的重要生存空间存在以下问题。

第一是旧的环境不断被新的潮流替代，而新的环境又被高速发展的时代抛在后面，城市环境的发展没有通过系统的规划而导致环境处于新与旧杂乱无序的不和谐状态之中。

第二，在城市环境设施的设计中，人们习惯于将人的生理需求放在第一位，而忽略了设施是环境中的设施，设计缺乏与环境的联系。

第三，在物质环境的创造中，忽略了人在精神层面的需求。

基于生态、持续与发展的城市环境设施创新设计，应立足于环境、人的生理需求和精神需求以及科技、历史、文化进行的设计，应该是能反映当下物质文明和精神文明的设计。

第七章

案例分析与课题训练

第一节
案例分析

一、圣索亚度假酒店环境设施设计（海明一川环境艺术有限公司供图）

圣索亚度假酒店是一家具有中式传统文化的园林式度假酒店，其环境设施选取了传统中式元素如花窗、茅屋、牌坊、亭、石舫、陶器等，环境风格统一，设施设计出人意表，具有浓厚的中式传统园林的风情（图7-1～图7-20）。

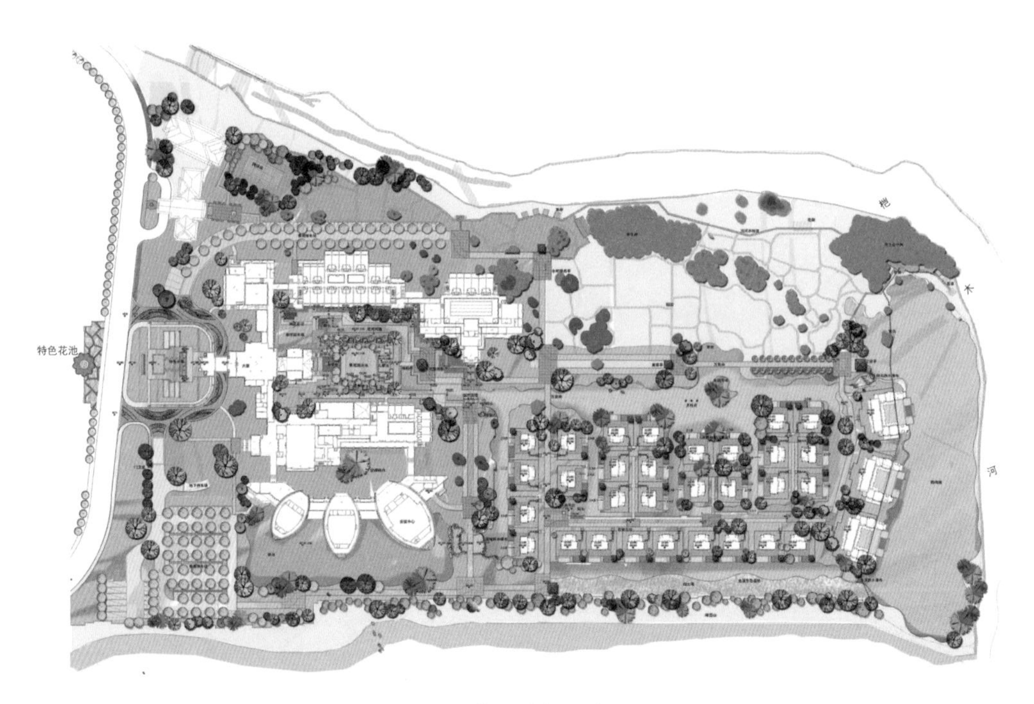

图7-1　圣索亚度假酒店平面图

图7-2　酒店局部效果图

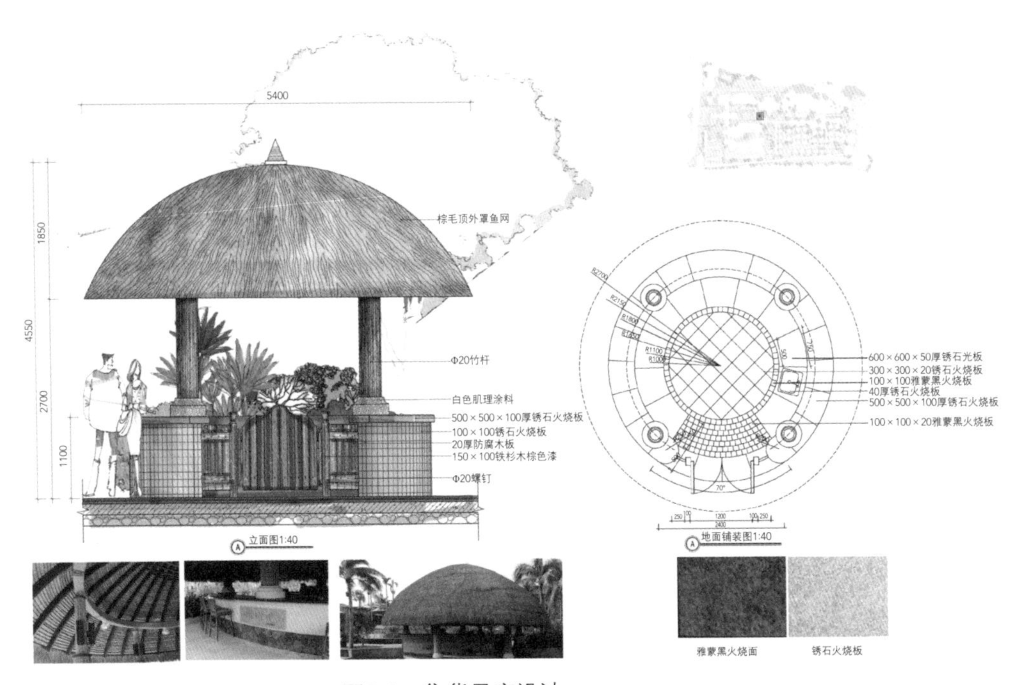

图7-3　售货景亭设计

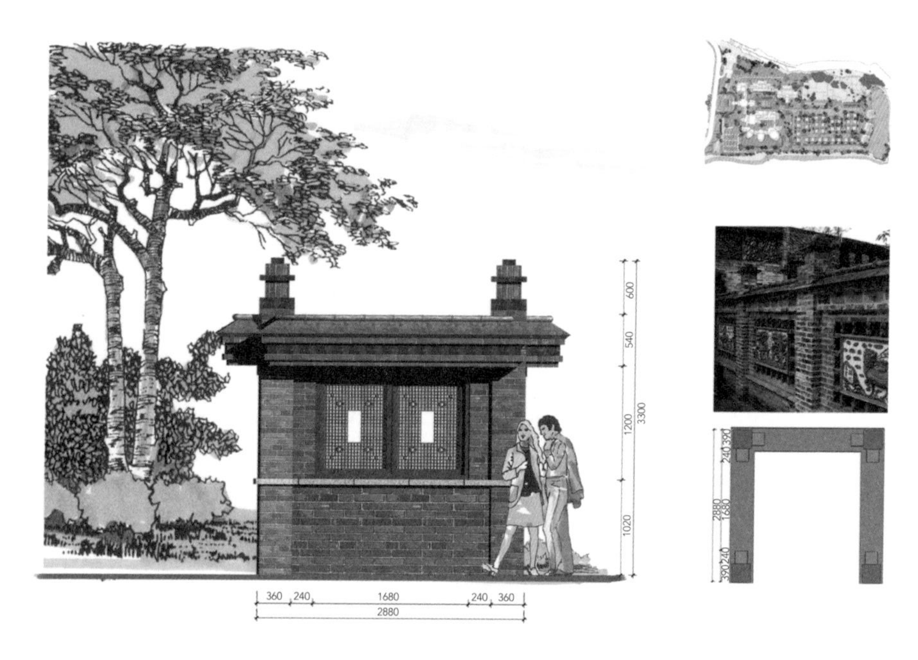

图7-4 景墙设计

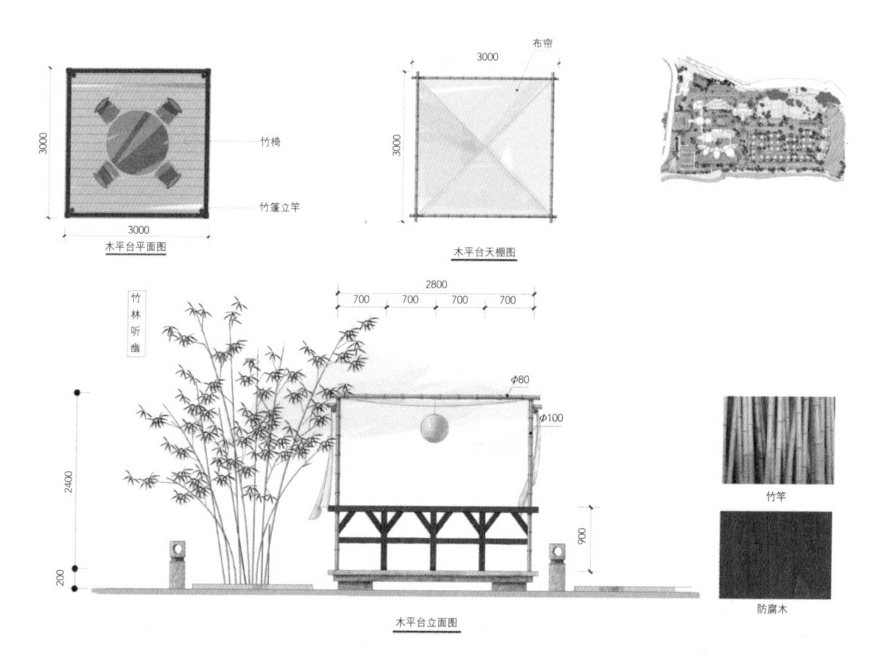

图7-5 观景平台设计

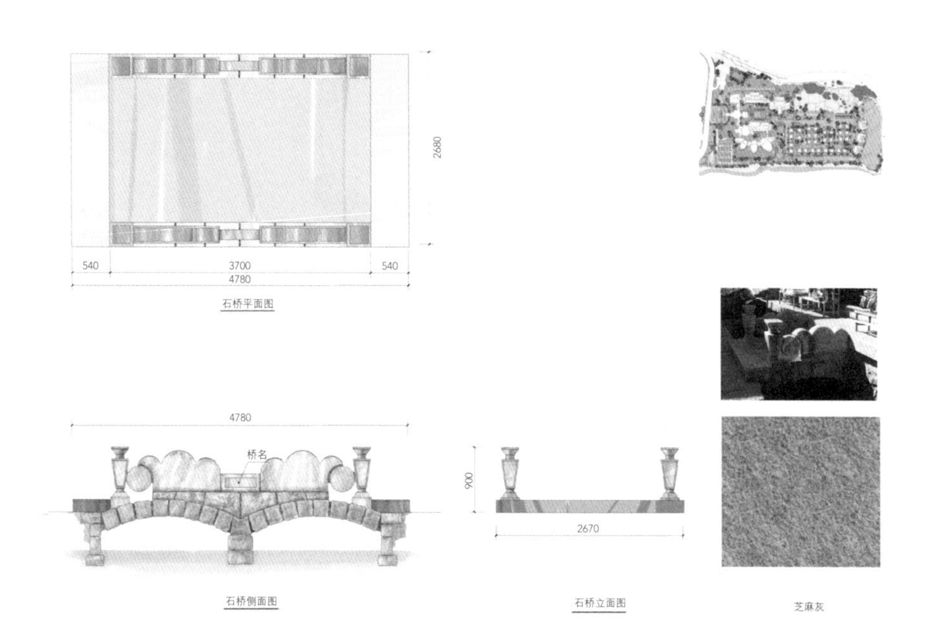

图7-6 景观桥设计

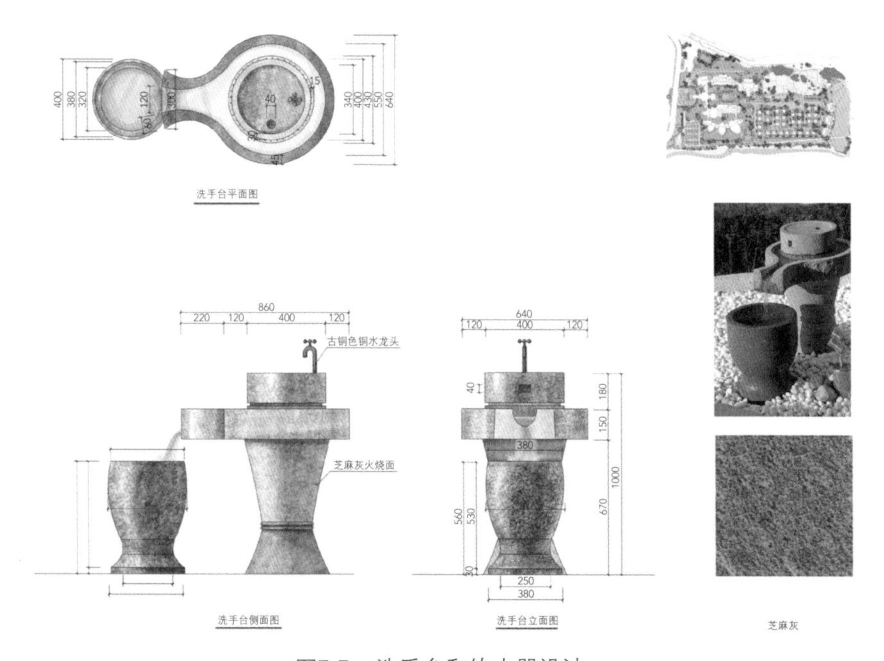

图7-7 洗手台和饮水器设计

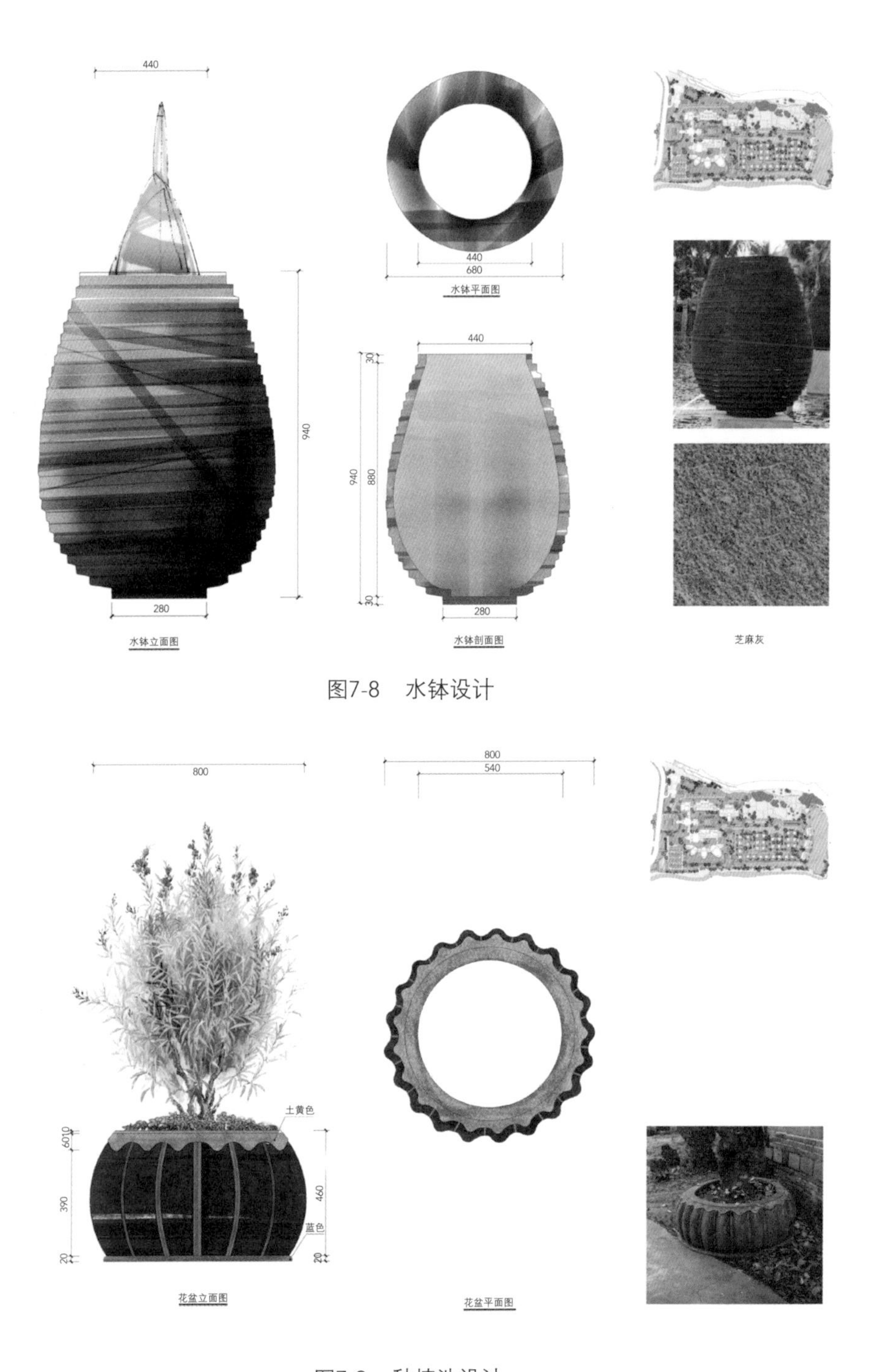

图7-8　水钵设计

图7-9　种植池设计

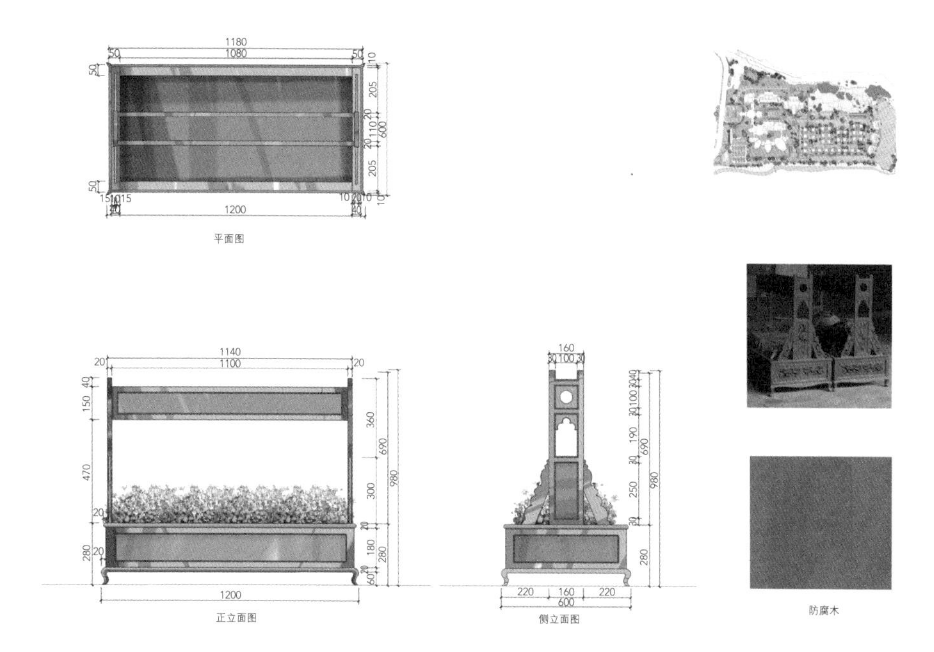

图7-10　种植池设计

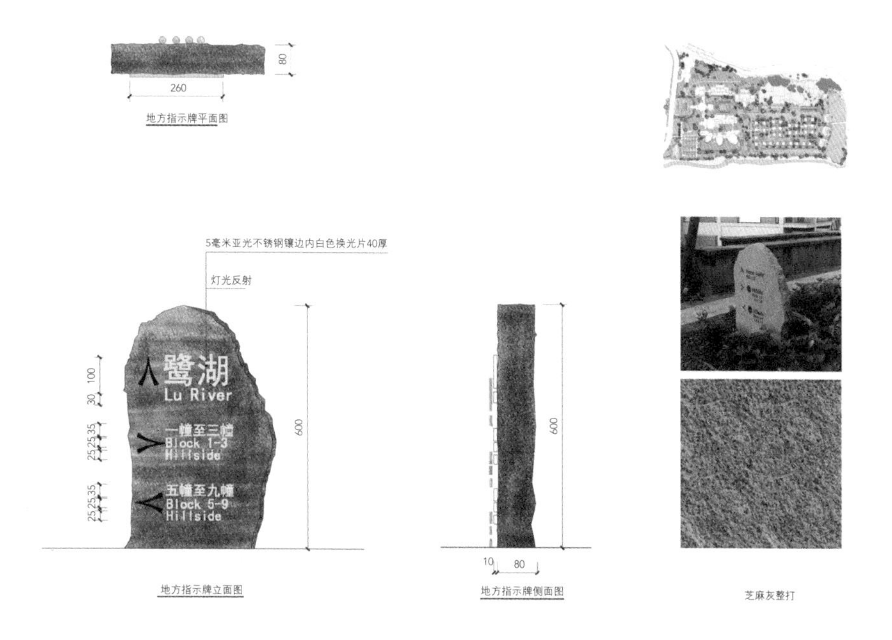

图7-11　导视设计

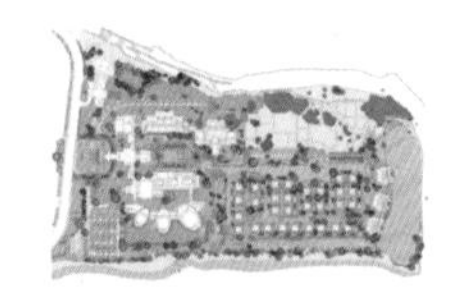

银杏树叶标志牌

防腐木板

图7-12　科普牌设计

700
20

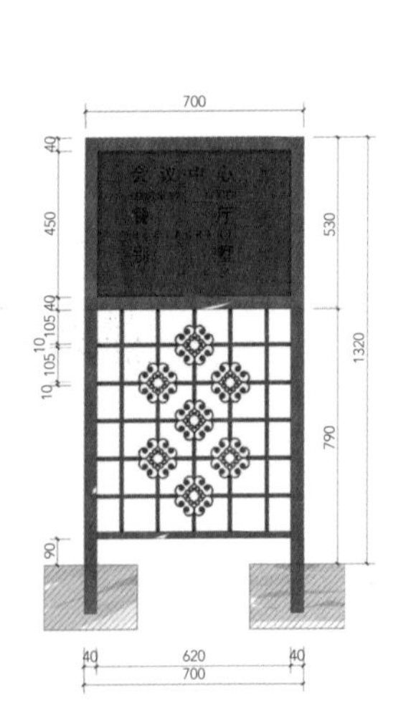

防腐木

图7-13　导视设计

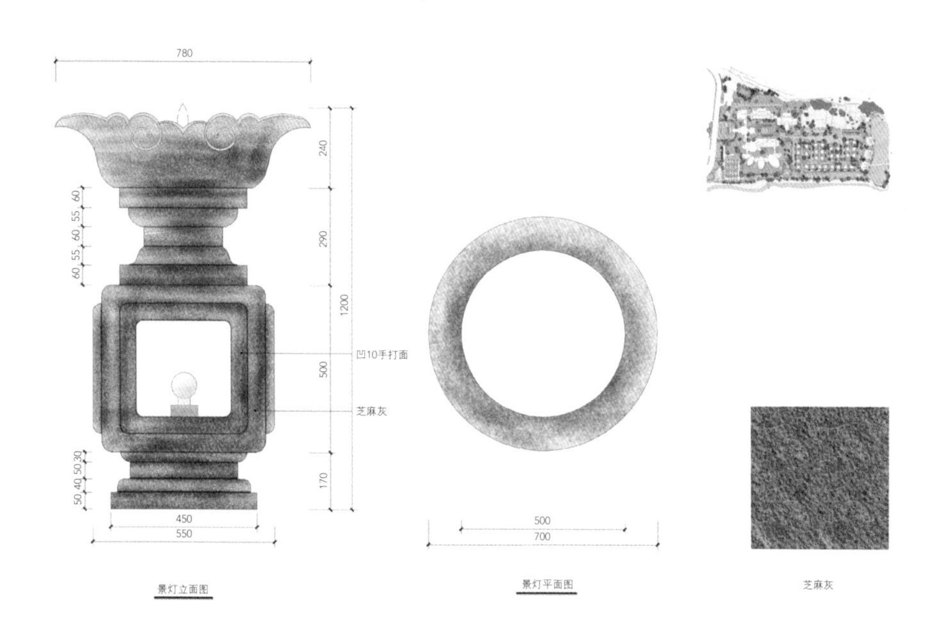

图7-14　低位景观照明设计

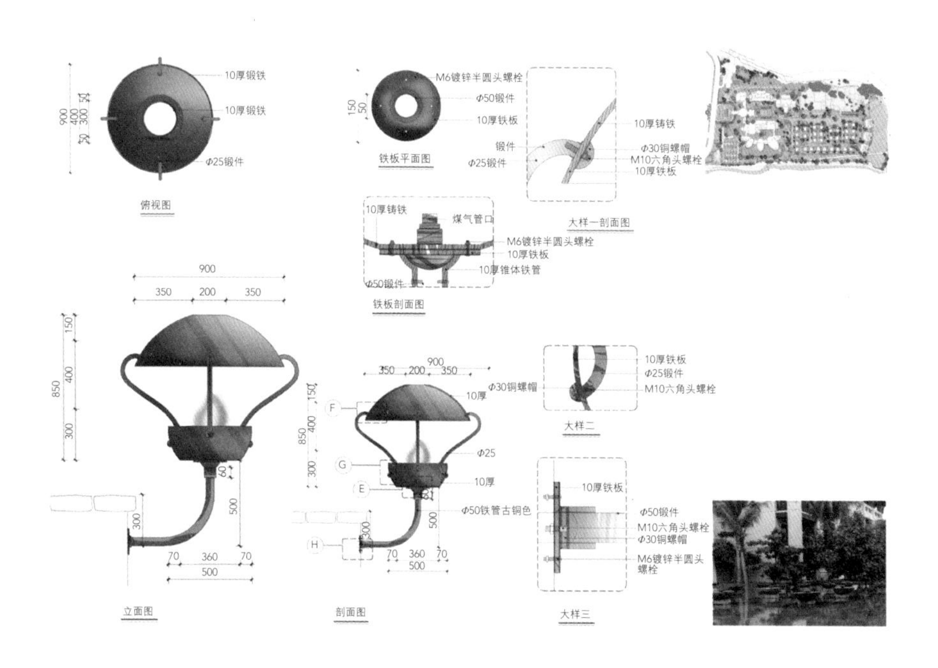

图7-15　庭院灯设计

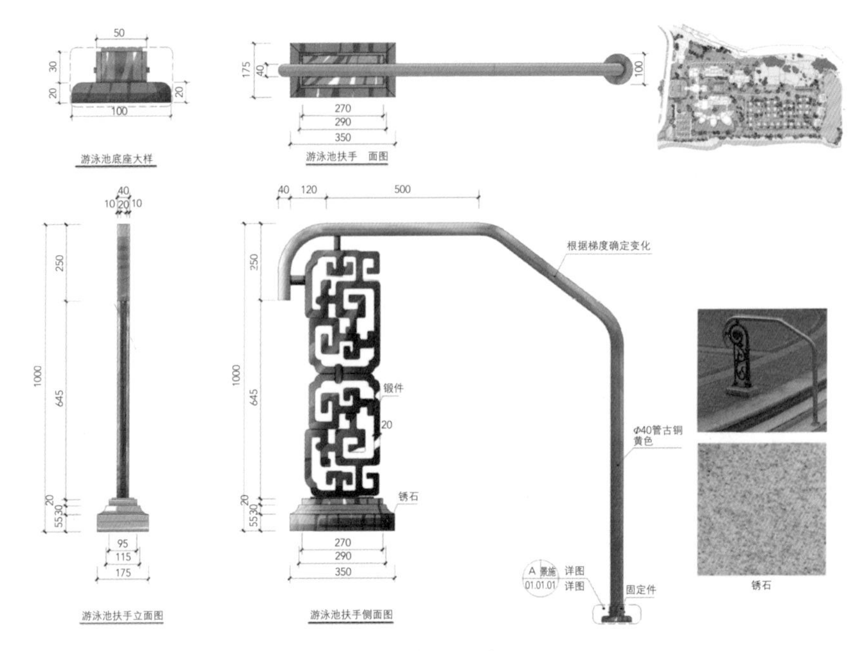

图7-16 扶手设计

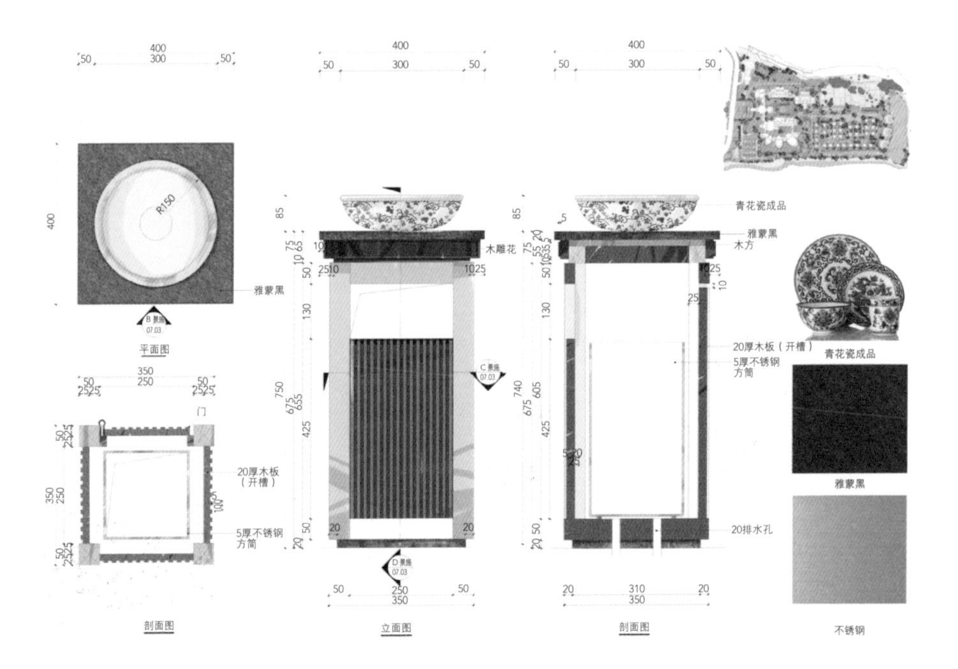

图7-17 垃圾桶和烟灰缸设计

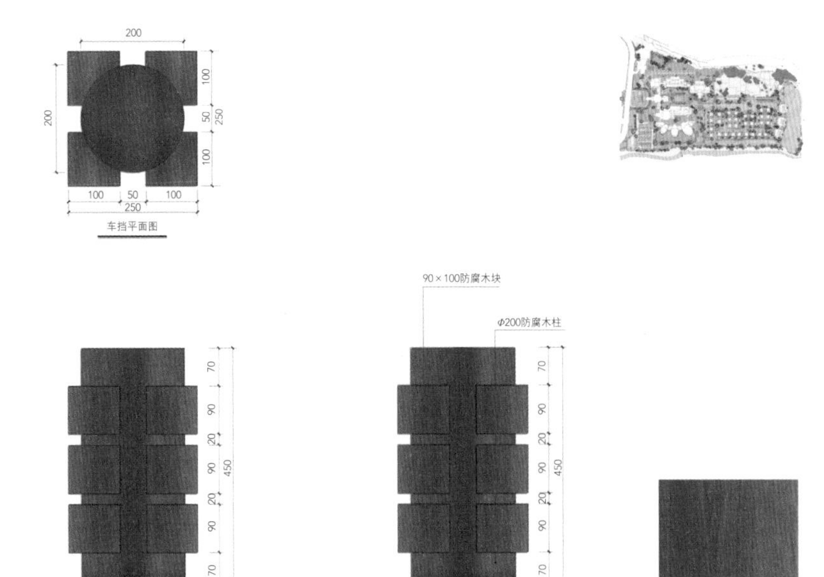

图7-18　车挡设计

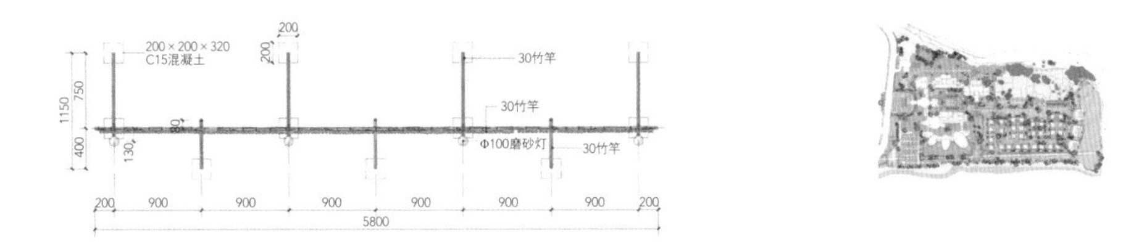

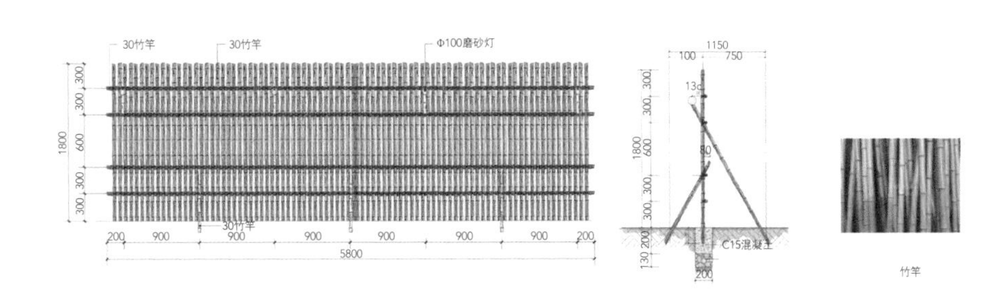

图7-19　竹制围栏设计

图7-20　景观雕塑设计

二、郫都川西林盘景区环境设施设计（设计：张程涵）

川西林盘发源于古蜀文明时期，其是指川西平原上院落、粮田、水流与林木共同组成的集生产、生态、生活、景观等功能为一体的复合式聚落。郫都川西林盘现状保存较为完整，且离成都市区非常近，处于1小时生态旅游圈以内，成为成都市民休闲、游玩、体验古蜀文明的场所，是城市生态文化的重要圈层。通过对场地历史、背景文化调研，得出以川西民居、本土材料、大地肌理和原生色彩为设计依据的环境设施设计思路。

林盘入口设施：为了能更好地了解川西林盘的文化、形成肌理、历史变迁及郫都林盘农耕文化特质，入口采用林盘聚落建筑的缩影和本土材料（青砖、灰瓦）结合的方式，适当增加一些能够体现林盘文化的雕塑等（如农耕缩影、生活缩影），以体现郫都川西林盘文化特色（图7-21）。

院落景观设施：对院落进行修缮、规整、合理分化。修复建筑外观，整体统一风格形式，利用典型的青瓦白墙建筑色彩来处理整体色调，选取常见的林盘景观元素进行设施设计（图7-22）。

图7-21　郫都林盘景区大门景墙雕塑

图7-22　院落景观设施

公共区域休闲设施：林盘聚落内水域纵横，水资源丰富，形成诸多水渠河流。这里设计了亲水景观空间，水中设立风车，带有农耕趣味，亲水平台中设有休息座椅、休憩空间，可供居民休闲垂钓或坐在一起喝茶、聊天、打牌等娱乐功能（图7-23）。

图7-23 公共区域休闲设施

第二节
课题训练

一、课题任务书

进行成都市城市环境设施设计。在对基地情况进行实地调研、分析的基础上，依据调研结论，提出设计方案。

（一）训练目的

① 学会带着明确的设计目标和问题意识，进行调研和分析。

② 能够清晰地表达设计分析思路和设计思考过程。

③ 学会通过效果图、实体模型照片等方式客观真实地表达设计效果与设计意图。

（二）提交内容

① 场地现状：区位分析、环境分析、场地分析、人群分析、案例分析。

② 设计主题：设计理念、设计原则、设计定位。

③ 设计图纸：透视图、平面图、立面图、节点图等。

（三）内容要求

① A3版面、图文并茂、内容完整、表达清晰、尺寸准确。

② 符合国家相关专业规范要求。

③ 关注结构、材料、历史、文化以及人的行为、生理需求，有正确的价值导向。

（四）评价标准

① 调研充分，调研报告翔实（20%）。

② 设施形态美观，具有一定创意（30%）。

③ 设施符合人体工程学要求，结构清晰，比例正确（20%）。

④ 设施能与环境有机融合，并有较强的地方特色，能反映城市的形象气质（30%）。

二、课题方案设计

方案：郫都区望丛西路环境设施设计（设计者：詹莉）

望丛西路位于四川省成都市郫都区郫筒镇，是衔接历史文化景点望丛祠与红光大道的景观道路，也是郫都区城区的主要城市道路，承担着交通与休闲的重要作用。

（一）现状分析

街道整体风貌呈现出一种破旧的景象，损坏的路灯、道路铺装等，机动车和自行车随意侵占步行空间。随处可见的街边小贩，尤其是十字路口，阻挡车流、人流通畅。休憩设施、垃圾桶等基础设施的缺失和损坏等（图7-24）。

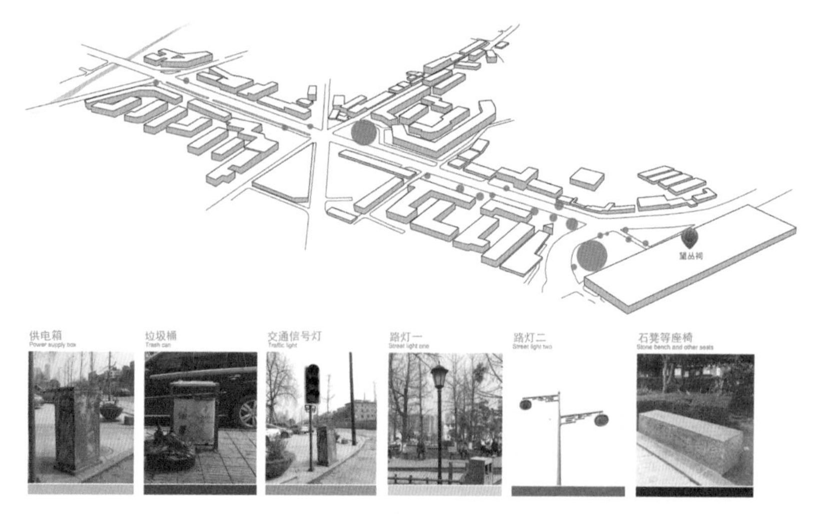

图7-24　环境及设施现状

（二）历史文化资源

① 在郫都区内存留着凭吊蜀人先贤的祀祠——望丛祠，流传于蜀地的民谣“九天开出一成都，千流万脉源望丛。”从而可以联想到该区域具有丰厚的水文化资源，加之场地上方刚好有沱江河流过，提取河流的曲线形作为整个街区的设计主题（图7-25）。

② 郫都区大部分面积为平原，西北角有少许的浅脊梯田，提取梯田的高差元素作为环境设施设计的元素（图7-26）。

③ 郫都区自古就有杜宇化鹃的传说，且其区花为杜鹃花，提取杜鹃花的五个花瓣的外形作为街边小游园的平面布局形式（图7-27）。

④ 由饮食文化想到“豆瓣之乡”，郫县豆瓣世界闻名，提取豆瓣圆润的形态和豆瓣酱的颜色——红，可采用其独特的外形作为景观雕塑或者景观座椅的变形（图7-28）。

总平面及设施点位图如图7-29所示。

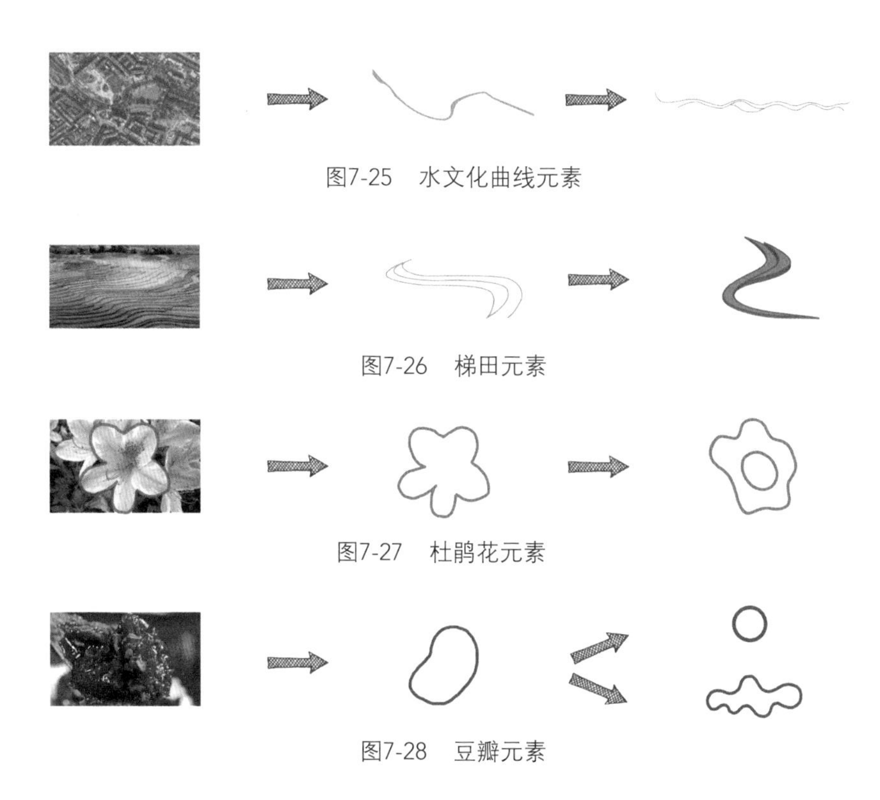

图7-25　水文化曲线元素

图7-26　梯田元素

图7-27　杜鹃花元素

图7-28　豆瓣元素

图7-29　总平面及设施点位图

（三）设计方案

如图7-30～图7-37所示。

图7-30　自行车停放设施

图7-31　遮阳设施

图7-32　儿童游乐设施

图7-33　芙蓉花形公共座椅

图7-34　人行公共廊架及座椅

图7-35　小游园读书区

图7-36　读书区公共座椅

图7-37　望丛广场上的景墙

参考文献

[1] 扬・盖尔. 交往与空间[M]. 何人可译. 北京：中国建筑工业出版社，2002.

[2] 扬・盖尔. 人性化的城市[M]. 徐哲文，译. 北京：中国建筑工业出版社，2010.

[3] 凯文・林奇. 城市意象[M]. 方益萍，何晓军，译. 北京：华夏出版社，2006.

[4] 芦元义信. 街道的美学[M]. 尹培桐译. 天津：百花文艺出版社，2006.

[5] 刘易斯・芒福德. 城市发展史—起源、演变和前景[M]. 宋俊岭，倪文彦，译. 北京：中国建筑工业出版社，2008.

[6] 卡米诺・西特. 城市建设艺术[M]. 仲德崑译. 南京：东南大学出版社，1990.

[7] 维特鲁威. 建筑十书[M]. 高履泰，译. 北京：中国建筑工业出版社，1986.

[8] 劳伦斯・哈普林. 城市[M]. 台北：新乐园出版社，2000.

[9] 田中直人. 标识环境通用设计[M]. 王宝刚，韩晓明，译. 北京：中国建筑工业出版社，2004.

[10] 威廉・立德威尔等. 设计的法则[M]. 李婵，译. 沈阳：辽宁科学技术出版社，2010.

[11] 约瑟夫・马・萨拉，城市元素[M]. 周荃，译. 沈阳：辽宁科学技术出版社，2001.

[12] Jacobo Krauel. Street Furniture[M]. Barcelona：Links Books，2007.

[13] Jacobo Krauel. Urban Elements[M]. Barcelona：Links Books，2007.

[14] _Azur. Urban Element Design[M]. AzurCorproation，2007.
[15] 沈玉麟. 外国城市建设史[M]. 北京：中国建筑工业出版社，1989.
[16] 陈志华. 外国建筑史[M]. 北京：中国建筑工业出版社，2003.
[17] 俞孔坚，吉庆萍. 国际“城市美化运动”之于中国的教训（上）——渊源、内涵与蔓延[J]. 中国园林，2000（01）：27-33.
[18] 王昀，王菁菁. 城市环境设施设计[M]. 上海：上海人民美术出版社，2006.
[19] 钱健，宋雷. 建筑外环境设计[M]. 上海：同济大学出版社，2001.
[20] 常怀生. 环境心理学与室内设计[M]. 北京：中国建筑工业出版社，2000.
[21] 陈高明. 城市艺术设计[M]. 南京：江苏科技出版社，2014.
[22] 于正伦. 城市环境创造[M]. 天津：天津大学出版社，2003.
[23] 周岚等. 城市空间美学[M]. 南京：东南大学出版社，2001.
[24] 陈丙秋，张肖宁. 铺装景观设计方法及应用[M]. 北京：中国建筑工业出版社，2006.
[25] 吴家骅. 环境设计史纲[M]. 重庆：重庆大学出版社，2002.
[26] 马建业. 城市闲暇环境研究与设计[M]. 北京：机械工业出版社，2002.
[27] 王建国. 城市设计[M]. 南京：东南大学出版社，2011.
[28] 许彬，杨翠微. 美国城市景观元素[M]. 沈阳：辽宁科学技术出版社，2006.
[29] 董学军，董晓明. 城市景观设施[M]. 大连：大连理工大学出版社，2014.

[30] 回春. 城市元素细部设计[M]. 北京：化学工业出版社，2014.
[31] 阚曙彬，安秀. 世界城市环境设施[M]. 天津：天津大学出版社，2009.
[32] Think Archit工作室. 景观细部元素设计[M]. 武汉：华中科技大学出版社，2012.
[33] 陈高明，董雅. 环境设施设计[M]. 北京：化学工业出版社，2017.
[34] 胡正凡，林玉莲. 环境心理学[M]. 4版. 北京：中国建筑工业出版社，2018.
[35] 黄艳，吴爱莉. 照明设计[M]. 北京：中国青年出版社，2007.